Die Gichtgas-Reinigung

Die wichtigsten Verfahren unter besonderer Berücksichtigung des Trockengasreinigungs-Verfahrens System Halbergerhütte-Beth sowie des Theisen-Desintegrator-Verfahrens

Von

Dipl.-Ing. **Wolf Adolf Euler**

Mit 53 Textabbildungen

Springer-Verlag Berlin Heidelberg GmbH
1927

Additional material to this book can be downloaded from http://extras.springer.com

ISBN 978-3-642-89660-6   ISBN 978-3-642-91517-8 (eBook)
DOI 10.1007/978-3-642-91517-8

Alle Rechte, insbesondere das der Übersetzung
in fremde Sprachen, vorbehalten.

Geleitwort.

Es ist schon oft die Frage aufgeworfen, was das Kennzeichnende der technisch-wirtschaftlichen Entwicklung in der Gütererzeugung, insbesondere der letzten Jahrzehnte sei. Eine eindeutige, befriedigende Beantwortung ist schwierig, aber von Bedeutung, da im gewissen Sinne richtungweisend. Sowohl die technische wie die wirtschaftliche Seite wird durch viele voneinander abhängige und unabhängige Einflußreihen bestimmt. Hinzu kommt die Abwägung der Größenordnung dieser Einflußreihen in ihrer Auswirkung auf die Entwicklung.

Man dürfte z. B. verleitet sein zu sagen, daß die zunehmende Konzentration der planenden und ausführenden Arbeit, die Zusammenlegung der Produktion und des Absatzes ein wesentliches Merkmal im Sinne der aufgeworfenen Frage sei. Dies trifft indes nur bei einem, wenn auch erheblichen Teil der Erzeugungsgroßindustrie zu. Außerdem beeinflußt eine solche Konzentration mehr die wirtschaftliche als die technische Seite. Ihr liegt indes eine wesentliche Idee zugrunde, die sowohl technisch wie wirtschaftlich von primärer Bedeutung ist und der eingangs gestellten Frage schon eher Genüge tut. Das ist die Idee oder die im Wesen des Menschen liegende Veranlagung zur Rationalisierung. Zusammenfassende und weitgehende Nutzbarmachung der planenden und ausführenden Kräfte und Mittel in der Güterproduktion und -verteilung will sie erreichen. Sie beeinflußt aber im wesentlichen wiederum nur die wirtschaftliche Seite der Entwicklung.

Auf die technische Seite machen sich Einflüsse geltend, die nicht aus dem Hause der Idee der Rationalisierung stammen. Sie sind ideeller Natur, wirken sich indes letzten Endes auch real d. h. wirtschaftlich aus. Diese Einflüsse entstammen einem der ideellen Grundtriebe im Menschen, der aus dem Schlechten, Unvollkommmenen und Nichtansprechenden etwas Besseres, Vollkommeneres, Ansprechenderes machen und aus diesem wiederum das Beste und Vollkommenste schaffen muß. Die technische Seite der Entwicklung in der Gütererzeugung dürfte daher im wesentlichen in der qualitativen Höherentwicklung ihren Ausdruck finden. Roh-, Halb- und Fertigprodukte und Energieformen erfahren zunehmende Qualitätswertung.

Das Kennzeichnende in der technisch-wirtschaftlichen Entwicklung dürfte daher darin liegen, etwas Besseres billiger zu erzeugen und umzulegen. Dies wird erreicht auf dem Wege weitgehender Behandlung des Einzelnen und Anteiligen, durch Spezialisierung, durch intensive Einarbeitung und geschulte Forschung. So wandelt sich unter Bereitstellung vorbereitender Kapitalien als Investierung geistige Energieform über neue, bessere Erzeugungs- und Veredelungsverfahren in Qualitätsstoffe und Qualitätsenergieformen.

Der Umwandlungsweg der Energieform Kohle über Dampf bzw. Kraftgas in elektrische Energie mit den Mitteln der Wissenschaft und Technik ist kennzeichnend für die rationelle Gütegestaltung.

Die Veredelung des Gichtgases und ihre rationelle Durchführung ist gleichfalls ein Beleg für das Charakteristische in der technisch-wirtschaftlichen Entwicklung der Güterproduktion. Als preiswerter und leicht wandelbarer Energieträger wuchs die Bedeutung des Gichtgases für die Hüttenindustrie mit der Möglichkeit und Durchführung seiner rationellen Veredelung. Sie ermöglichte rationellere Anwendungsarten und günstigere Gestaltung und Ausnutzung hüttenmännischer Einrichtungen. In dieser Hinsicht erhielt die Entwicklung der Gichtgasreinigung für die Hüttenindustrie ihre besondere Bedeutung. Und es ist wiederum kennzeichnend für diesen Entwicklungsgang, wie in vorbildlicher Gemeinschaftsarbeit der liefernden Werke mit den Hüttenleuten wertvolle geistige Energieform sich im höchsten Maße materialisierte und rationell auswirkte.

Der Verfasser vorliegender Monographie hat es unternommen, und es dürfte ihm dies auch gelungen sein, ein zutreffendes Bild von dem Werden, Wachsen und der Vollendung der Gichtgasveredelung zu geben.

Es wird gezeigt, wie viele einzelne Entwicklungsstufen erprobt, richtig ausgewertet und überwunden werden mußten, um zum Qualitätsendziel zu gelangen. Man erkennt, mit wie vielen Mühen, Kosten und Enttäuschungen diese schrittweise Entwicklung von denjenigen erkauft werden mußte, die sich in den Dienst der Sache stellten. Dem schaffenden Ingenieur ist dies nichts Neues. Ihm ist der Kampf gegen den Widerstand der Materie und gegen die im Wesen der Dinge liegende Beharrung eine gewohnte, er sieht Bestätigung. Für den Studierenden, den angehenden Ingenieur, liegt der Wert der Darstellung technischer Entwicklung gerade in dem Hinweis auf die Art und Größe solcher Widerstände. Ihnen gegenüber soll er sich richtig einstellen mit seiner ganzen Willensenergie.

Als mir vom Verfasser der grundlegende Stoff seiner Arbeit vorgelegt wurde, war es daher nicht nur das Gebot einer guten Sache zu dienen, das mich veranlaßte die Arbeit zu ermuntern und dem Verfasser einige besondere Anregungen zu geben, sondern auch die Freude mithelfen zu dürfen an der Festlegung der geschichtlichen Entwicklung einer für die Hüttenindustrie so wichtigen Einrichtung, mit allem was in personeller und materieller Richtung zu ihr gehört.

Was nun den Inhalt im einzelnen betrifft, so kann man in Zweifel darüber sein, ob den vielen verschiedenartigen in Vorschlag gebrachten, versuchten und in vielen Fällen auch wieder verworfenen Einrichtungen der Gasreinigung in dem beschränkten Rahmen eines handlichen Buches ein ausgedehnter Platz eingeräumt werden darf. Eine eingehende Beschäftigung mit der Materie läßt indes erkennen, daß gerade für den Studierenden hierin eine solche Summe von Anregungen enthalten ist und daß eine technisch-philosophische Betrachtung des Gebotenen eine solche Fülle von Erkenntnissen zu liefern vermag, daß es einen Verlust bedeuten würde, gelangten sie nicht zur vollen Auswirkung.

Ein zusammenfassendes Werk über die Gichtgasreinigung ist bisher noch nicht erschienen. Es dürfte dies mit Rücksicht auf die Bedeutung der Materie als solche und in Hinblick auf die vielen und intensiven Einzelbearbeitungen, die der Gegenstand in der einschlägigen Fachliteratur gefunden hat, befremden. Auch darf man sich bekanntlich über unsere schreibfreudige Zeit nicht beklagen. Man möge indes nicht vergessen, daß es einer konzentrierten und fleißigen Arbeit bedarf, um das reiche Material auf dem behandelten Gebiete zu ordnen und in seinen wichtigsten Teilen so zum Ausdruck zu bringen und zusammenzufassen, daß es dem Fachmann und Studierenden nützlich und bei alledem auch gefällig zum Lesen ist. Ich hoffe gern, daß dies dem Verfasser gelungen ist. Wenn aber beim ersten Wurf nicht alles vollendet sein mag, so wird die mitarbeitende Kritik zur besseren Ausgestaltung des Geplanten beitragen, so daß sich auch hierin die Qualität mit der Zeit herausbildet.

In diesem Sinne begleiten meine besten Wünsche die Herausgabe des Buches. Möge es besonders unseren jüngeren Hüttenleuten reiche Anregungen geben.

Aachen, im September 1927.

Prof. Dr.-Ing. **Hayo Folkerts.**

Inhaltsverzeichnis.

I. Das Gichtgas und der Gichtstaub.

1. Geschichtliches.

Das Jahr 1832 bedeutet einen wichtigen Markstein in der Geschichte des Eisens und seiner Darstellung, denn in diesem Jahre war es der Hüttenverwalter des königlich württembergischen Hüttenwerkes Wasseralfingen Faber du Faur, der erstmals das Gichtgas zur Beheizung der Winderhitzer benutzte.

Schon zu Ende des 18. Jahrhunderts, und zu Beginn des 19. scheint man versucht zu haben, das Hochofengas zu verwenden. An die Öffentlichkeit mit derartigen Versuchen trat zuerst Aubertot im Jahre 1811. Er benutzte die Gichtflamme der Hochöfen im Cher-Département zur Zementstahl- und Ziegelbereitung. Dieses Verfahren veröffentlichte Berthier im „Journal des mines" (Jahrgang 1844), jedoch fand es in den damaligen bewegten politischen Zeiten nur sehr wenig Beachtung.

Der Engländer Neilson entdeckte 1830 die Vorteile der Erhitzung des Windes, aber er erhitzte denselben mittels fremden Heizmaterials und nicht mittels Gichtgas.

1831 versuchte man auf den Hütten des badischen Oberlandes den Gebläsewind unter Zuhilfenahme der Eigenwärme des Hochofens zu erhitzen, jedoch blieben diese Versuche ohne Erfolg.

1836 befaßte sich in England Viktor Sire mit dem Problem der Ausnutzung der Hochofengase, ohne aber einen Erfolg zu erzielen. Ebenso wurden Versuche, den Wind dadurch zu erwärmen, daß man ihn vor seinem Eintritt in den Hochofen in einer eisernen Röhre direkt unter den Bodenstein des Ofens führte, bald wieder aufgegeben.

Nach langen Versuchen gelang es 1837 wiederum Faber du Faur, die Gichtgase auch für die Flamm- und Frischöfen zu verwenden. Auch Bunsen beschäftigte sich 1838 mit der chemischen Untersuchung der Hochofengase; er schlug ihre Verwendung zur Dampferzeugung vor, und berechnete, daß die entfallende Gichtgasmenge weit mehr beträgt, als für den Antrieb der Gebläsemaschinen nötig sei, und daß man diesen Überschuß an Heizgasen noch zu den verschiedensten Zwecken verwenden könnte.

Bereits 1837 ging man auf der Hütte zu Niederbronn dazu über, die Gicht abzuschließen, und die Gase zu verwerten. Die Entwicklung der Ausnützung der Gichtgase ging sehr langsam vor sich. Die den Hochöfen entströmenden Gase verbrannten noch lange Zeit frei und nutzlos an der Gicht. Im Laufe der Jahre hat sich der Gichtverschluß zu der Vollkommenheit der heutigen mannigfachen Systeme doppelten Verschlusses entwickelt, der nicht allein den geringsten Verlust an Gas, sondern auch möglichst geringe Druckschwankungen bewirken soll.

Der Staubgehalt der Gichtgase erschwerte ihre sofortige Verwendbarkeit ungemein, und erst in den sog. Gründerjahren ging man ernstlich daran, die Hochofengase so gut als möglich auszunutzen. Zunächst wurden die Gichtgase so, wie sie den Hochofen verließen, also ungereinigt, zur Erhitzung steinerner Winderhitzer benutzt, später auch zur Heizung der Dampfkessel.

So unvollkommen auch die Ausnützung der Gichtgase war, so bedeutete sie immerhin bereits eine Verringerung der Erzeugungskosten des Roheisens um etwa 8—10%. Eine rationelle Ausnützung der Gichtgase setzte aber erst ein, als infolge des schärferen Wettbewerbs auf dem Weltmarkte die Preise des Roheisens sanken, und das Streben nach möglichster Verbilligung der Erzeugungskosten des Eisens immer lebhafter wurde.

Dieser Umstand hatte auch am Ende des vorigen Jahrhunderts die Einführung der Großgasmaschine in den Hüttenwerken zur Folge. Die Großgasmaschine hat nicht nur die Ausnützung der Gichtgase gefördert, sondern auch die Entwicklung der Gichtgasreinigung. Ursprünglich glaubte man, die Gasmaschinen mit ungereinigtem, bzw. grob gereinigtem Gas betreiben zu können. Dies erwies sich bald als unzutreffend. Erst nachdem es gelungen war, die Gichtgase genügend fein zu reinigen und tief zu kühlen, erhielt der Betrieb der Gasmaschinen jene Betriebssicherheit, die in Hüttenwerken unbedingt notwendig ist.

Ein gut Teil der Entwicklung der Großgasmaschine in den letzten 25 Jahren konnte nur mit entsprechender Entwicklung der Gichtgasreinigung erfolgen. Das Gichtgas muß, um es für die Gasmaschine brauchbar zu machen, bis auf 0,01—0,03 g Staub im Kubikmeter Gas gereinigt und gleichzeitig auf etwa 25° C abgekühlt werden.

Die Gichtgase der Hochöfen werden heute den verschiedensten Zwecken nutzbar gemacht: in der Hauptsache für Winderhitzer und Dampfkessel, zum Antrieb von Großgasmaschinen, zur Erzeugung von Gebläsewind und elektrischer Energie[1], als Ersatz von Generatorgas, — allein, oder mit Koksofengas gemischt —, zum Beheizen von Martinöfen und Roheisenmischern[2], sowie zum Beheizen von Wärmeöfen, Glühöfen und Koksöfen[3], in letzteren zum Ersatz des wertvolleren Koksgases. Das Hochofengas findet auch eine gute Verwendung in Gießereien[4]; es dient hier zum Trocknen der Formen aller Art, zum Heizen von Trockenkammern usw., sowie in den dem Hochofenwerk angegliederten Nebenbetrieben, wie Zementfabriken, Kunststeinfabriken usw.

Die Geschichte der Gichtgasreinigung ist noch jünger, als die der Verwendung der Gichtgase. Die mittelalterlichen Metallhütten besaßen zwar schon Einrichtungen, um den wertvollen, für die Umgegend schädlichen Staub der Schmelzöfen abzuscheiden, dagegen hatten die alten Eisenhochöfen keine Staubfänger, weil der Staub weder wertvoll war, noch wesentliche Mengen an Giften für das organische Leben ent-

---

[1] Vgl. Stahleisen 1910, S. 938.   [2] Vgl. Stahleisen 1911, S. 1295ff.
[3] Vgl. Stahleisen 1911, S. 1298ff.   [4] Vgl. Stahleisen 1911, S. 1214ff.

hielt. Die Frage der Gichtgasreinigung wurde erst nach Faber du Faurs Erfindung angeregt.

Die ersten Winderhitzer, Dampfkessel und Öfen standen auf der Gicht und wurden unmittelbar von der Gichtflamme umspült. Ihre Bauart war derart, daß der sich in ihnen absetzende Staub leicht entfernt werden konnte. Erst als man dazu überging, die Gichtgase durch Rohre auf die Hüttensohle herabzuleiten (1851), wurde die Frage der Staubentfernung dringender. Man suchte sie in der Art zu lösen, daß man Staubsäcke und Absetzkammern von verschiedener, oft recht wenig zweckmäßiger Bauart aufstellte, und die Kessel und Winderhitzer so ausführte, daß bei dem Gasbetrieb mit sehr grob gereinigtem Gas nicht leicht Verstopfungen eintreten konnten, so daß die Instandhaltung nicht allzuhohe Kosten verursachte. In den neunziger Jahren des vorigen Jahrhunderts versuchte man die Gichtgase in der Gasmaschine auszunutzen. Man fand, daß sich das Gas an sich zum Maschinenbetrieb gut eignete, daß die Gasmaschine indes gegen Staub sehr empfindlich war. Eine weitgehende Reinigung des Gases erschien deshalb unbedingt notwendig.

Zuerst versuchte man es mit Trockenreinigern, wie sie bei der Leuchtgasbereitung verwendet werden. Man füllte Koks, Holzwolle, Hobelspäne, Eisenspäne und ähnliche Stoffe in sog. Reinigerkästen und leitete das Gichtgas hindurch. Die Filtermasse zeitigte indes kein befriedigendes Ergebnis, denn entweder verstopfte sie sich nach kurzer Zeit, oder das Gas wurde nicht gereinigt.

Nachdem diese Art der Reinigung versagte, wandte man sich den Skrubbern zu. Man vergrößerte die bisher gebräuchlichen kleinen Wäscher der Gasanstalten zu Türmen von 5 m $\varnothing$ und 20 m Höhe und ließ erhebliche Wassermengen hindurchrieseln (3—6 l/m^3); ein befriedigender Reinheitsgrad wurde indes nicht erreicht. Ein Rohgas von 5 g/m^3 Staubgehalt enthielt hinter den Skrubbern noch etwa 2 g/m^3; für den Gasmaschinenbetrieb wurden jedoch 0,02 g/m^3 verlangt.

Nun ging man zu den rotierenden Gaswäschern über, deren erste Eduard Theisen baute. Mit ihnen erzielte man wesentlich bessere Ergebnisse. Da diese Apparate aber anfangs nicht genügend betriebssicher waren, zog man ihnen in der ersten Zeit gewöhnliche Ventilatoren mit Wassereinspritzung vor. Hierauf folgten viele Arten von Naßreinigern, die, je nach der Art des Staubes, Reinheitsgrade von 0,03 bis 0,3 g/m^3 Staub aufwiesen; der Nachteil dieser Naßreiniger war der, daß sie sehr viel Kraft (5—15 PS. für je 1000 m³/Std.) und Wasser benötigten; zudem mußte noch ein statischer Wascher vorgeschaltet werden, damit die Anlage betriebssicher war, und ein brauchbares Gas lieferte. Ein weiterer Nachteil der Naßreiniger war der der Abwasserfrage. Es waren zum Teil sehr große und kostspielige Klärbecken nötig, da sich die kolloidalen Gasreinigungsabwässer sehr langsam klärten, das Ausfällen des Staubes durch Chemikalien (Ätzkalk) andrerseits teuer war und auch nicht alle Stoffe, die im Abwasser enthalten sind, abschied; z. B. das Zyankalium, das sich als schädlich für die Fischzucht erwies.

Da sich die Gasmaschine gegen den Gichtstaub viel empfindlicher zeigte, als man gedacht hatte, so konnten nur die Werke, welche einen zink- und alkalifreien grobkörnigen Gichtstaub hatten, mit dem von der Naßreinigung gelieferten Reinheitsgrad zufriedengestellt werden. Meist arbeitete man mit einem Staubgehalt von 0,05—0,1 g/m³ und mehr, den man, unbelehrt durch frühere Mißerfolge, durch den Einbau von Sägemehlfiltern usw. in die Reingasleitung, zu verringern suchte. Für einen ungestörten Betrieb der Gasmaschinen, sowie zur wirtschaftlichen Ausnutzung der Cowper und Kessel ist jedoch ein möglichst staubfreies Gas

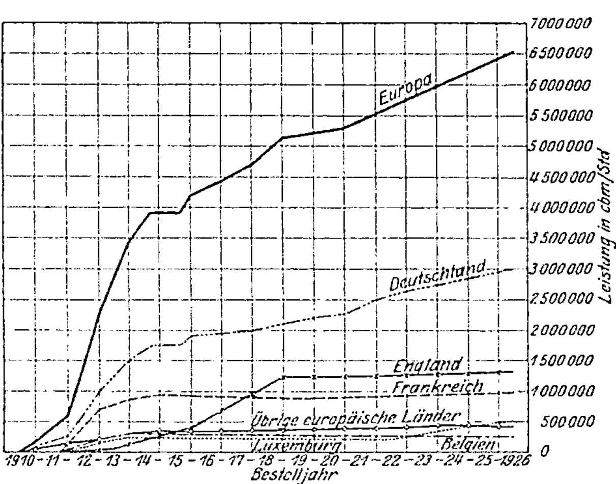

Abb. 1. Kurvenblatt der bis 1926 gelieferten Trockengasreinigungsanlagen.

erforderlich. Der Reinheitsgrad des hierzu verwendeten Gichtgases soll mindestens so hoch sein, daß nur noch etwa 0,01—0,03 g Staub im Kubikmeter Gas enthalten sind.

Um bisherigen Mißständen abzuhelfen, machte sich die Halberghütte in Brebach an der Saar daran, einen neuen Weg in der Gichtgasreinigung zu entwickeln. Sie trat (1901) mit der auf dem Gebiete der Luftentstaubung bekannten Firma

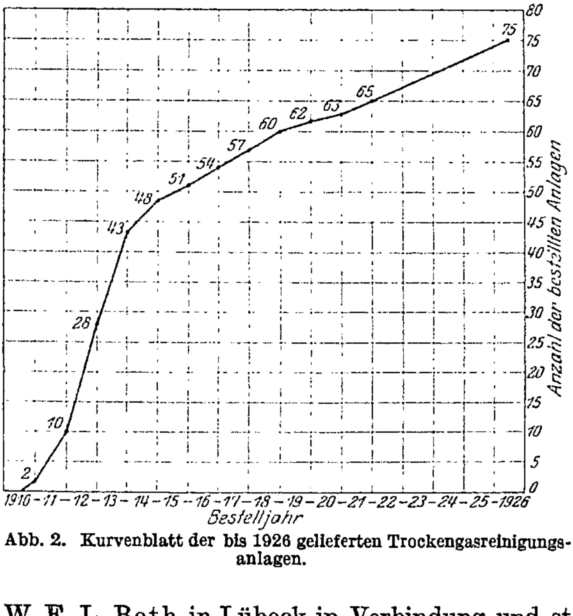

Abb. 2. Kurvenblatt der bis 1926 gelieferten Trockengasreinigungsanlagen.

W. F. L. Beth in Lübeck in Verbindung und stellte Versuche an, das Gichtgas durch Hindurchleiten durch poröse Stoffilter zu reinigen. Die

Versuche hatten ein günstiges Ergebnis; es zeigte sich, daß Gichtgas
von beliebigem Staubgehalt durch einmaligen Hindurchgang durch diese
Filter auf wenige mg/m³ Staub gereinigt wurde, und daß der erforderliche Kraftbedarf sehr gering war.

Es vergingen nun Jahre mühevoller, kostspieliger und oft vergeb-
licher Versuche, bis es gelang, die Erfindung zu einem technisch brauchbaren Verfahren auszugestalten. Große Hindernisse bildeten besonders
die häufigen und rasch wechselnden Temperatur- und Feuchtigkeits-
verhältnisse der Gichtgase. Ihre Beseitigung wurde erst erzielt, als man
die Temperatur der Gichtgase durch vorgeschaltete Kühler und Ober-

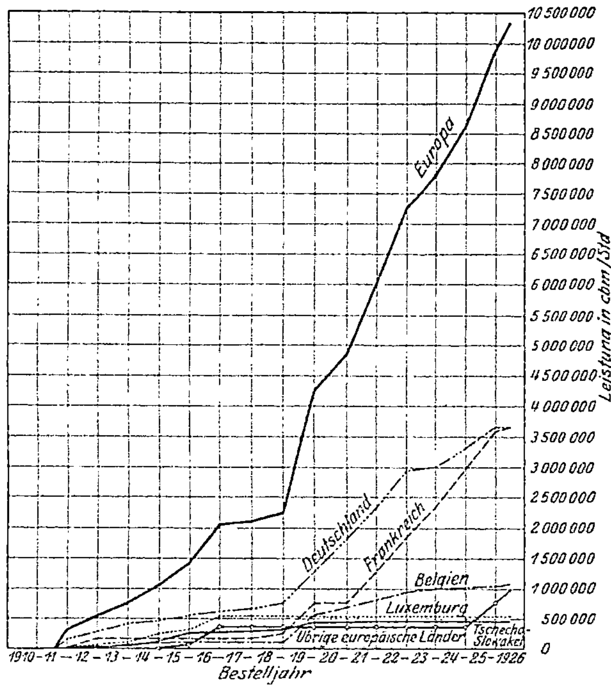

Abb. 3. Kurvenblatt der für Gichtgasreinigung bis 1926 gelieferten Theisen-Desintegratoranlagen.

flächenerhitzer innerhalb solcher Grenzen regelte, daß weder eine Aus-
dörrung der Filterschläuche, noch eine Verschlammung derselben durch
nassen Staub eintrat. 1909 waren diese Versuche so weit gediehen, daß
die Versuchsanlage zum Betrieb einer Gasmaschinengruppe benutzt
werden konnte. Die ersten Anlagen kamen 1911 in Betrieb, und von da
an trat die Trockengasreinigung in eine scharfe Konkurrenz mit den
übrigen damals bestehenden Naßreinigungen. Die Abb. 1 und 2 zeigen
eine Zusammenstellung der bis 1926 gebauten Anlagen nach dem System
der Halbergerhütte-Beth, die zum Teil von der englischen Lizenzneh-
merin, der British High Power Gas Engine Co. Ltd. London, ausgeführt
wurden. Die Abszissen der beiden Diagramme geben das Bestelljahr an,

in dem die verschiedenen Anlagen gebaut wurden. In Abb. 1 gibt die
Ordinate die jeweilige Gesamtleistung der seit 1910 gebauten Anlagen
an, während die Ordinate in Abb. 2 anzeigt, wie viele Anlagen jeweils
gebaut wurden. Man kann deutlich aus den beiden Kurvenblättern ersehen, welch große Verbreitung diese Art der Gasreinigung von 1910
bis zu Beginn des Weltkrieges aufweisen konnte, und erst die Nach-

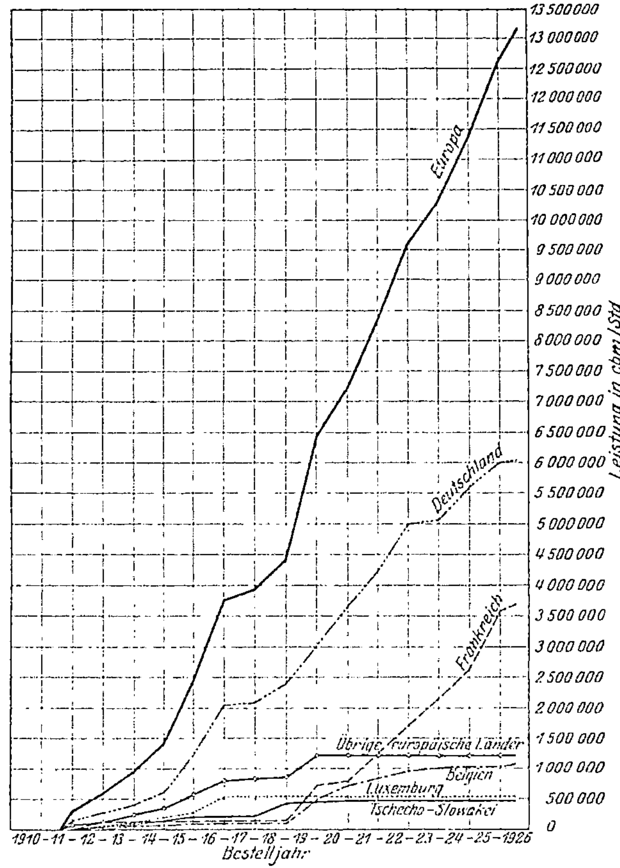

Abb. 4. Kurvenblatt der bis 1926 gelieferten Theisen-Desintegratoranlagen.

kriegsjahre hatten wegen der allgemein schlechten Geschäftslage
einen geringeren Absatz zur Folge.

Etwa um dieselbe Zeit, als die Versuche der Halbergerhütte mit
der Reinigung der Gichtgase auf trockenem Wege stattfanden, ging
auch Eduard Theisen, München, daran, einen neuen Naßreiniger
zu entwickeln, der den Anforderungen der modernen Hüttenwerke
entsprechen sollte. Im Jahre 1909 waren seine Arbeiten so weit gediehen, daß er seinen ersten Desintegrator praktisch vorführen konnte.

Die Vorteile dieses neuen Apparates gegenüber den damals sehr weit
verbreiteten, allgemein bekannten und besonders bewährten Theisen-
Waschern waren so große in bezug auf Reinheit des Gases, Kraft- und
Wasserverbrauch, Platzbedarf und Drucksteigerung des Gases, daß der
Desintegrator große Hoffnungen weckte. Nach weiteren kleineren Ände-
rungen kam er im Jahre 1911 in verschiedenen Werken in Betrieb, und
seither hat er sich bewährt. Die Abb. 3, 4 und 5 zeigen eine Zusammenstellung der seit 1911 gebauten Anlagen, und zwar zeigt Abb. 3 nur die
Leistung der Desintegratoren, die ausschließlich für Gichtgasreinigung
gebaut wurden, während Abb. 4 die Gesamtleistung aller Theisen-Desintegratoren wieder-
gibt, die seit 1911 für
die Reinigung von
Gichtgas, Gasen aus
Schmelz-, Kalk- und
Elektroöfen, sowie
von verschiedenen
chemischen Gasen in
Betrieb genommen
wurden. In Abb. 5
zeigt die ausgezogene
Kurve die Anzahl
der für die Gichtgas-
reinigung ausgeführ-
ten Desintegratoren,
und die gestrichelte
Kurve die Gesamt-
zahl der bis 1926
überhaupt ausgeführ-
ten Desintegratoren.
Bei Abb. 3 und 4,
bzw. 5 ist dieselbe
Diagrammanordnung
eingehalten, wie bei
Abb. 1 bzw. 2, so

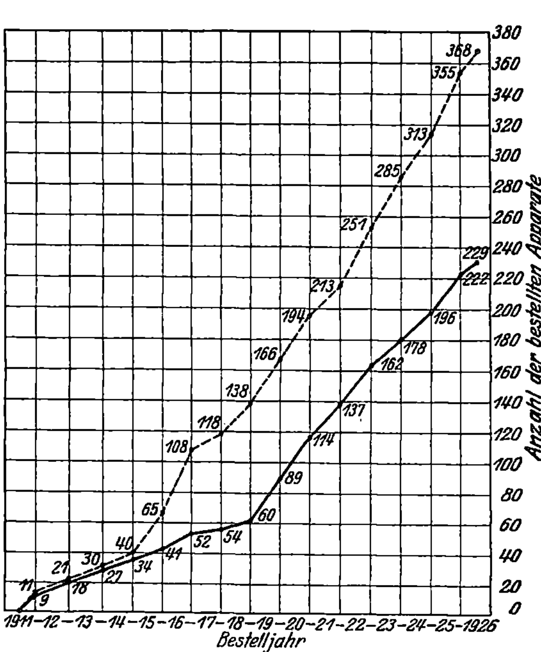

Abb. 5. Kurvenblatt der bis 1926 gelieferten Theisen-
Desintegratorapparate.

daß direkte Vergleiche zwischen den beiden Gasreinigungsverfahren
möglich sind[1]. Die Verbreitung der Theisen-Desintegratoren ist im
Vergleich zu den Anlagen der Trockengasreinigung viel gleichmäßiger
gestiegen, und selbst die Kriegs- und Nachkriegszeiten konnten sie nicht
aufhalten, sondern sie weisen eine noch viel größere Leistung und Anzahl
bestellter Apparate auf.

Die mannigfachen Versuche der mechanischen Abscheidung des
Staubes durch Fliehkraft und Aufprall scheiterten. Mehr Aussicht
auf Erfolg schien die elektrische Gasreinigung zu haben, jedoch bestehen bis heute noch keine Anlagen, die im Dauerbetriebe arbeiten,

---

[1] Die Daten der Abb. 1 und 2 und 3, 4 und 5 sind Prospekten und Referenz-
listen der Firmen Trockengasreinigungs-G. m. b. H., Zweibrücken bzw. Eduard
Theisen, München, entnommen.

obwohl schon verschiedene Versuchsanlagen gebaut wurden, die zum Teil zufriedenstellend arbeiten. In Metallhütten, Zementfabriken und auch in Braunkohlenbrikettwerken wurden schon viele große elektrische Reinigungsanlagen für Abgase und Luft gebaut.

2. Theoretische Betrachtungen[1].

Bei dem Staub-Gasgemisch hat man es mit frei im Gas schwebenden und in Bewegung befindlichen festen Stoffteilchen von verschiedenen physikalischen und chemischen Eigenschaften zu tun. Auf sie wirkt die Schwerkraft. Bei diesen außerordentlich kleinen Teilchen ist die Schwerkraftwirkung um so geringer, je geringer ihr spez. Gewicht zu dem des Gases ist, in dem sie suspendiert sind, und es genügen schon sehr kleine Kraftäußerungen, um solche Teilchen aus der Ruhelage, d. h. der Schwerkraftwirkung entgegen, in eine anders gerichtete Bewegung zu bringen.

Je nach dem spez. Gewicht der verschiedenen Staubteilchen und des Gases, nach der Verteilungsform der ersteren innerhalb des Gases und nach der physikalischen Beschaffenheit der Teilchen, kommt ein ganz verschiedenes Verhalten der Staub-Gasgemische gegenüber ihrer Reinigungsart in Frage.

Ferner folgt, je feiner ein homogener Körper verteilt ist, d. h. je mehr Gasteilchen sich zwischen den einzelnen Körperteilchen lagern, um so größer ist das Volumen der gesamten Masse. Damit wird das Volumengewicht auch ein anderes. Von Einfluß ist neben dem Volumengewicht der suspendierten Staubteilchen die Größe der Angriffsfläche, die sie dem Kraftangriff bieten; die Oberflächenverteilung des Stoffes ist aber für sein Verhalten im Gasstrom von entsprechender Bedeutung.

Ein vorbereitendes Mittel der Staubabscheidung ist das der Temperaturerniedrigung, da sich dabei das Volumengewicht der festen Staubteilchen weniger verändert, als das des Gases. Ebenso wird ein Staubteilchen, bei dem es gelingt, alle vorher von Gasen erfüllten Poren mit dem wesentlich schwereren Wasser in flüssiger Form zu erfüllen, weit geeigneter für die Ausscheidung sein. Die Aufnahmefähigkeit der verschiedenen Staubteilchen für Wasser wird je nach deren materiellen Zusammensetzung eine andere sein, und deshalb ist es vorteilhaft, die Verbindung der Staubteilchen mit Wasser unter gleichzeitiger mechanischer Bewegung, oder einer Schleuderung vor sich gehen zu lassen. Noch besser als das Wasser wären andere Flüssigkeiten, z. B. techn. Salzlösungen, Öle, Fette, Teer, Benzol, Harze, Glyzerin, Wasserglas, Zucker- und Leimlösungen und andere mehr, die eine größere Kohäsion (Zähflüssigkeit) und hinsichtlich der Staubteilchen eine größere Adhäsion (Klebrigkeit) aufweisen. Allerdings kommen solche Flüssigkeiten für die Gichtgasreinigung nicht in Frage, da bei den großen Gichtgasmengen der Verbrauch zu groß und die Kosten zu hoch wären.

Eine bloße mechanische Benetzung des Staub-Gasgemisches mit

---

[1] Siehe auch Dr. phil. C. Guillemain: Theorie und Praxis der Staubverdichtung und der Reinigung und Entstaubung von Gasen.

Wasser, wenn dieses auch noch so fein verteilt ist, wird nicht so wirksam sein, als wenn das feuchte Gemisch sich erst durch die Schleuderkraft innig mit den Staubteilchen vereinigen kann, und so eine bedeutend intensivere Staubabscheidung erfolgt.

Ein weiteres Verfahren zur Ausscheidung von Staubteilchen aus Gasen ist das der plötzlichen· Querschnittserweiterung, worauf das Prinzip der Staubsäcke beruht. Damit die Staubteilchen sich besser absetzen können, hat man auch versucht, durch rauhe Mauerwandungen, Hemmung der Gase auf irgendwelche Weise, Ablenkung, oder Richtungsänderung usw. die Reibungswiderstände zu vergrößern.

Eine andere Art der Staubabscheidung beruht auf der Zentrifugierung des Gasgemisches, wobei die schweren Staubteilchen nach außen geschleudert werden, gegeneinander prallen, an die Wandungen des Gehäuses stoßen und dabei ihre ursprüngliche Bewegung verlieren.

Eine weitere sehr umfangreiche Gruppe von Verfahren sucht die Trennung des Staubes durch nasse oder trockene Filtersubstanzen zu bewirken.

Schließlich kommt noch die Abscheidung des Staubes auf elektrischem Wege in Frage, wie sie in den letzten Jahren vielfach erprobt wurde.

Häufig wird zur Erzielung eines guten Erfolges eine möglichst praktische Kombination mehrerer der vorstehend erörterten Einzelverfahren, sei es, daß diese zugleich oder nacheinander verwandt werden, zu empfehlen sein.

Unter den genannten Verfahren werden solche am zweckmäßigsten sein, die am wirtschaftlichsten sind, d. h. unter dem geringsten Kostenaufwand das reinste Gas liefern.

Über die vielen Versuche, die in dieser Richtung unternommen wurden, gibt eine umfangreiche Patentliteratur Aufschluß.

3. Das Gichtgas.

Die Zusammensetzung des Gichtgases hängt ab von dem Verlauf des Schmelzprozesses, von der regelmäßigen Begichtung, von der im Hochofen erblasenen Eisensorte (der Brennstoffverbrauch ist dabei auch ein anderer), von der chemischen Zusammensetzung der Erze, wie des Koks, von der dem Hochofen zugeführten Windmenge und von der Temperatur des Gebläsewindes. Da alle diese Faktoren Schwankungen unterworfen sind, so ändert sich auch die Zusammensetzung des Gichtgases fortwährend, jedoch innerhalb bestimmter Grenzen, so daß ihre Verwendbarkeit gesichert bleibt.

Ein Beispiel der Verschiedenartigkeit der Gichtgase gibt die Zusammenstellung von Analysen in Zahlentafel 1. Dieselben sind Durchschnittsergebnisse aus einer großen Reihe von Analysen, die an verschiedenen Hochöfen mit verschiedener Roheisenerzeugung (bzw. verschiedener Erzmöllerung und Roheisengattung) ausgeführt wurden[1].

Die Zusammensetzung der Gase kann sich auch noch ändern, wenn

---

[1] Siehe Doktor-Dissertation R. Buck, Techn. Hochschule Breslau.

z. B. Wasser in die weißglühenden Zonen des Hochofens beim Undichtwerden der Windformen und Heißwind-Abschlußorgane eindringt, es

Zahlentafel 1. Gichtgasanalysen.

	CO Vol.-%	CO_2 Vol.-%
Thomasroheisen	30,2	7,8
Stahleisen.	26,5	11,6
Puddeleisen	29,5	8,0
Hämatiteisen	29,4	10,6
Gießereieisen	28,8	7,4
Ferrosilizium	29,6	4,7
Ferromangan	31,8	5,8

nimmt dann der Wasserstoff- und oft auch der Methangehalt des Gases plötzlich zu. Die Analysen der Zahlentafel 2 zeigen den plötzlichen Wechsel in der Zusammensetzung der Gase sehr deutlich. Die Zunahme an H_2 zwischen der ersten und dritten Analyse beträgt fast 100%[1].

Zahlentafel 2. Gichtgasanalysen der Hochofenanlage der South Chicago Works.

Zeit	CO_2 %	CO %	H_2 %	CH_4 %	WE/m³
11^{00} Uhr vorm.	14,9	24,5	3,5	0,2	810
12^{30} ,, nachm..	13,8	24,7	4,3	0,3	840
3^{20} ,, ,, ...	14,5	25,0	6,5	0,1	888
4^{10} ,, ,, ...	14,2	24,3	4,5	0,2	843

Ferner ist die Menge und die Beschaffenheit der Gichtgase abhängig von der Menge des begichteten Brennstoffes. Die für die Gewichtseinheit erzeugten Roheisens entwickelte Gasmenge steht im direkten, oder nahezu direkten Verhältnis zu der für die Gewichtseinheit erzeugten Roheisens erforderlichen Brennstoffmenge. Einen nicht unbeträchtlichen Einfluß auf den Wert der Gase übt der Kalkzuschlag aus, da der Kalk in den meisten Fällen in ungebranntem Zustand aufgegeben wird und daher erst im Hochofen seine Kohlensäure verliert. Letztere wird zwar teilweise auf Kosten des Hochofenbrennstoffes zu Kohlenoxyd reduziert, doch wird sie immerhin den kalorischen Effekt des Gases ganz merklich herabsetzen. Die kalkreichen Beschickungen bedingen eine größere Brennstoffmenge als Möllerungen mit geringem Kalkgehalt. Es ergibt sich also im ersten Fall eine größere Gasmenge, aber geringerer Heizwert derselben, und im zweiten Fall weniger Gas, aber wertvolleres. Die Menge und Beschaffenheit des Gichtgases ist auch davon abhängig, ob die Erze geröstet oder ungeröstet aufgegeben werden.

Die Temperatur der Gichtgase ist abhängig vom Gang des Hochofens, von der Art und Beschaffenheit des erblasenen Eisens, von der

---

[1] Stahleisen 1910, S. 1610.

chemischen Zusammensetzung, dem Wassergehalte und der mechanischen Beschaffenheit des Möllers und dem Wassergehalt der dem Ofen zugeführten Windmenge. Den größten Einfluß auf die Temperatur der Gichtgase übt die regelmäßige, bzw. unregelmäßige Begichtung des Ofens aus. Wird der Ofen nicht dauernd bis an den Gichtverschluß heranreichend mit Gichtmaterial gefüllt, so steigt die Gastemperatur sehr rasch.

Durch Verdampfen des hygroskopischen wie des Hydratwassers bei feuchtem Möller führen die Gichtgase Wasserdampf mit sich, der den Heizwert desselben sehr beeinträchtigt, und es ist bei der Gasreinigung darauf zu sehen, daß der Wassergehalt des Gases auf ein Minimum ausgeschieden wird. Mit den Temperaturschwankungen des Gases wechselt auch entsprechend das spez. Volumen.

Der Heizwert von 1 m³ Gas beträgt zwischen 700 und 1100 Kal.[1]. Die Ursache eines plötzlich größer werdenden Heizwertes liegt besonders in der vermehrten Zufuhr von Koks zum Hochofen.

Der Staubgehalt im Rohgas schwankt zwischen 5 und 20 g/m³ und der Eisengehalt im Gichtstaub zwischen 12 und 50%.

Der Wassergehalt kann 160—300 g/m³ betragen; durch die Wascher und Kühler wird er auf etwa 2 g/m³ herabgedrückt[2].

Da die Hochofengase der Gicht mit einem meist ziemlich beträchtlichen Gehalt an Verunreinigungen in Staubform und mit einem gewissen Wasserdampfgehalt entströmen, so müssen sie für alle Verwendungszwecke entsprechend gereinigt und der Wasserdampf möglichst weitgehend ausgeschieden werden. Das letztere ist praktisch nur durch eine intensive Kühlung möglich, wobei der Wasserdampf durch Kondensation in flüssiges Wasser übergeführt wird, welches sich dann leicht durch einfache mechanische Mittel aus dem Gas abscheiden läßt. Auf den ersten Augenblick erscheint es dem Fernerstehenden paradox, Gichtgase, die für Heizzwecke dienen, vorher intensiv abzukühlen; und doch hat die Praxis die hohe Nützlichkeit dieser Kühlung der Gase bewiesen.

Wenn man feuchtes Gichtgas verbrennt, so muß der Wasserdampf in der Flamme bis auf die Verbrennungstemperatur erhitzt werden, wozu in der Regel allein schon mehr Wärme benötigt wird, als durch eine vorherige Abkühlung an fühlbarer Wärme verlorengeht. Hierzu kommt aber noch, daß die Verbrennungstemperatur von Gichtgas die Zersetzungszone für Wasser erreicht. Allerdings verbrennt der sich bildende freie Wasserstoff im weiteren Verlauf der Heizung bei sinkender Temperatur und genügendem Sauerstoffüberschuß wieder zu Wasser, aber dies geschieht zum Teil schon in den Kanälen und Zügen, die für die praktische Heizung nicht mehr ins Gewicht fallen, und die Folge davon ist die praktische Erscheinung, daß Feuerungen mit nassem Gas gegenüber solchen mit trockenem Gas einen bedeutend schlechteren Wirkungsgrad ergeben, selbst wenn die Eigenwärme des trockenen Gases

---

[1] Revue Technique Luxembourgeoise 1924, S. 61—70.
[2] Stahleisen 1916, S. 597.

kleiner ist, als die des nassen. Abb. 6 zeigt durch einige Schaulinien, welche Einwirkung der Wasserdampfgehalt auf den nutzbaren Heizwert und den pyrometrischen Heizeffekt von Gichtgasen besitzt. (Die Schaulinie *1* bedeutet den nutzbaren Heizwert des Gases in WE für 1 m³; Schaulinie *2* den pyrometrischen Heizeffekt in ⁰ C, und Schaulinie *3* den Wasserdampfgehalt in g/m³; die schraffierte Fläche bedeutet die Zersetzungszone des Wasserdampfes[1]. Untersucht ist 1 m³ Hochofengas bezogen auf 0⁰ C und 760 mm Q.-S. mit

27,5 Volumen-% CO,	50,7 Volumen-% N,
11,5 Volumen-% CO₂,	10,3 Volumen-% H₂O (dampfförmig),

verbrannt mit 100% Luftüberschuß bei einer Lufttemperatur von 10⁰ C und bei Gastemperaturen von 0—130⁰ C (spez. Wärme = 0,3 für den

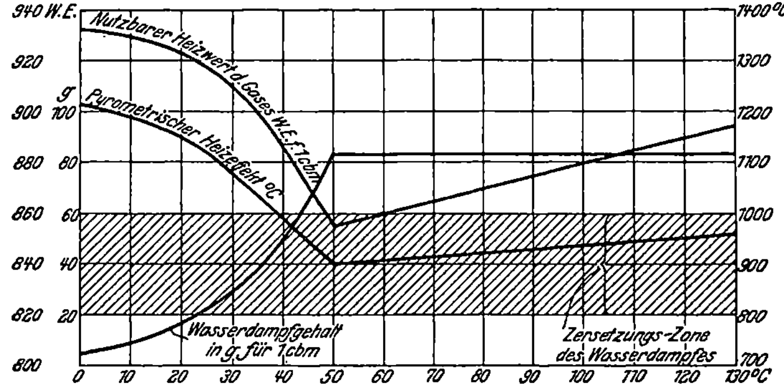

Abb. 6. Graphische Darstellung der Einwirkung des Wasserdampfgehaltes des Gichtgases auf den pyrometrischen Heizeffekt und den nutzbaren Heizwert des Gases.

Kubikmeter). Der Taupunkt des Gases mit einem Wasserdampfgehalt von 10,3 Vol.-% liegt bei 50⁰ C. Wird das Gas weiter abgekühlt, so kondensiert der Wasserdampf immer mehr. Die Kurve des nutzbaren Heizwertes und die des pyrometrischen Heizeffektes steigen um so höher, je mehr die Gastemperatur unter die Taupunktstemperatur des Gases sinkt. Bei Gastemperaturen über 50⁰ steigen die beiden Kurven lediglich infolge der geringen Erhöhung der Eigenwärme des Gases nur langsam an.

Über den Schwefelgehalt im Gichtstaub ist man sich noch nicht genau im klaren. Der im Gas enthaltene schwere und leichte Gichtstaub enthält Sulfid- und Sulfatschwefel. Der Schwefelgehalt des Rohgases braucht deshalb nicht zu überraschen. Es ist nur die Frage, ob auch im entstaubten Gas Schwefel vorkommt. In einer älteren Arbeit von Hilgenstock[2] wird ein Schwefelgehalt von 0,06%, also von rund 0,8 g im Kubikmeter Gas von 0⁰ C angegeben und neuerdings ebenfalls von einem amerikanischen Werke[3] ein Schwefelgehalt von 0,094 g im

---

[1] Siehe Vortrag von Obering. C. Grosse, Metz 1910.
[2] Stahleisen 1893, S. 455.   [3] Stahleisen 1910, S. 1652.

Kubikmeter Gas. Allerdings kann man aus diesen Zahlen keinen Schluß ziehen, weil nicht angegeben ist, ob es sich um vollständig entstaubtes Gas handelt. Otto Johannsen hat im Minetterevier weder im naß gereinigten (und dann durch Papier filtrierten) noch im filtrierten Gas, das nach dem Verfahren der Halbergerhütte-Beth gereinigt war, Spuren von Schwefel gefunden. Die Frage, ob es überhaupt einen Gichtgasschwefel gibt, scheint heute mit Sicherheit noch nicht beantwortet zu sein.

Die Gewinnung der Nebenprodukte aus dem Gichtgas der Hochöfen hat für die deutsche Eisenindustrie kein Interesse, da in den Gasen der Kokshochöfen die brauchbaren Nebensubstanzen wie Teer und Ammoniak nicht mehr enthalten sind. Dagegen werden sie bei den mit roher Steinkohle betriebenen schottischen Hochöfen[1] mit Vorteil gewonnen.

4. Gichtgasvergiftung.

Reingas ist deshalb gefährlicher als Rohgas, weil letzteres leichter wahrnehmbar ist, mehr Wasserdampf enthält und heißer ist als Reingas, so daß es nach oben steigt und man sich seiner Einwirkung besser entziehen kann. Zyan ist im Gichtgas nur in unbedeutenden Mengen enthalten und es ist auch nicht die Ursache von Erkrankungen, wie sie in Hüttenwerken schon öfters vorgekommen sind, denn rohes Steinkohlengas enthält bedeutend mehr Zyan [$1-3$ g/m^3] als Gichtgas, und es sind in Gasanstalten und Kokereien noch keine derartigen Fälle bekannt.

In den Filtern der Trockengasreinigung findet sich Zyankalium, und zwar zeigte ein solcher Filterstaub folgende Zusammensetzung:

Fe	8,40%,	CaO	16,20%,	Zn	3,93%,
Mn	1,59%,	MgO	4,50%,	KCl	7,61%,
P_2O_5	0,98%,	S	1,5 %,	KCN	0,50%,
SiO_2	20,61%,	Cu	0,048%,	K_2CO_3	5,08%,
Al_2O_3	11,00%,	Pb	1,20%,	Glühverlust	11,96%[3].

Die Folgen von Gichtgasvergiftungen waren, sofern die Vergifteten am Leben erhalten werden konnten, schwere Nervenleiden und Geistesstörungen, die sich zum Teil mit der Zeit besserten[3].

Die Vermutung, daß diese Gifte nur im trocken gereinigten Gas enthalten sind, ist falsch, da schon frühere Fälle von Vergiftungen und denselben Nachwirkungen bei Rohgas und naß gereinigtem Gas vorliegen. Die Art der Reinigung ist also auf die Gefährlichkeit des Gases ohne Einfluß.

Es ist schwer zu sagen, welche Verbindungen in Frage kommen, die Gasvergiftungen hervorrufen. Arsenverbindungen kommen weder im trocken und naß gereinigten Gas, noch im Rohgas vor.

Schwefel ist im trocken gereinigten Gas überhaupt nicht, oder nur in Mengen von wenigen Milligrammkubikmetern vorhanden (es wurde

---

[1] Näheres siehe Stahleisen 1884, S. 35; 1885, S. 788; 1902, S. 509 und 1905, S. 613.
[2] Stahleisen 1920, S. 756.　　[3] Zentralbl. Gew.-Hyg. 1920, S. 90.

z. B. bei einer Untersuchung 1 mg/m³ Schwefel und zwar als Schwefelwasserstoff festgestellt). In Wirklichkeit handelt es sich bei diesen Unfällen um Kohlenoxydvergiftungen[1], die derartige Nachwirkungen, wie sie oben angeführt wurden, zur Folge haben.

Die Gefahr der Gasvergiftung ist zwar um so größer, je reiner das Gas ist, weil Reingas unsichtbar und fast geruchlos ist, und weil bei Leitungen und Abschlüssen die Selbstabdichtung durch Staubablagerung nicht erfolgt. Es lassen sich aber bei Reingas bedeutend vollkommenere Abschlußvorrichtungen treffen, als bei Rohgas[2], ferner fällt die größte Gefahrenquelle, nämlich die Reinigungsarbeiten in den Leitungen und Apparaten fort, da die Leitungen nur selten gereinigt werden brauchen, was bei Rohgas und schlecht gereinigtem Gas nicht der Fall ist. Eine Gefahr besteht nur, wenn man ohne gründlichen Umbau der Rohgasleitungen zum Reingasbetriebe übergeht.

Der Grund der Gasvergiftungen liegt in der starken Anreicherung der einzuatmenden Luft an Kohlensäure und besonders Kohlenoxyd. Letzteres verhindert die Oxydation des im Blute enthaltenen Hämoglobins und verursacht zunächst Ohnmachtsanfälle, die bei längerem Einatmen oft den Tod zur Folge haben.

Um Betriebsunfällen in den Gasleitungen und der Gasreinigungsanlage vorzubeugen, sind an geeigneten Stellen selbstregistrierende Meßinstrumente anzubringen. An den einzelnen Betriebsstellen, wie Kesselhäuser, Maschinenhallen und Reinigungsanlagen usw. sind akustische und optische Signale eingerichtet, die von der Instrumentenzentrale aus bedient werden, und bei etwaigen Gefahren oder Störungen Warnungssignale und Verhaltungsmaßregeln geben können.

5. Die Bestimmung des Staubes im Gichtgas[3].

Drei Verfahren zur Reinigung des Gichtgases sind in der Praxis üblich und werden auch bei den Staubbestimmungsmethoden befolgt:

1. Die Abscheidung des Staubes durch Waschen mit Wasser. Dieses Verfahren, das Hindurchleiten des Gases durch Waschflaschen und andere Absorptionsgefäße, liefert ganz unbrauchbare Ergebnisse, denn der Staub wandert durch solche Flaschen zum größten Teil unabsorbiert durch. Die Bestimmung des im Wasser enthaltenen Staubes ist überdies sehr schwer.

2. Filtration auf trockenem Wege durch Schüttstoffe[4]). Es dienen hierzu Filterröhren, die mit Glaswolle, Asbest oder Watte beschickt werden. Die Rohre werden vor und nach dem Versuche getrocknet. Solche Filter bewähren sich im Laboratorium ebensowenig wie in der Praxis. Die Filter müssen sehr sorgfältig hergestellt werden, damit genügend Gasdurchlässigkeit vorhanden ist, und daß andrerseits aber auch kein Staub durch das Filter wandert. Die Filterfläche in diesen

---

[1] Lewin, L.: Die Kohlenoxydvergiftung; vgl. Stahleisen 1920, S. 1632.
[2] The Iron Trade Review 1922, S. 787/90.
[3] The Iron Trade Review 1925, S. 820/21. — Braunkohle 1925, S. 378/83 u. 399ff.
[4] Stahleisen 1907, S. 75/76.

Röhren ist zu klein. Die vordere Fläche der Filterschicht überzieht sich bald mit Staub und läßt dann kein Gas mehr hindurchstreichen. Druckschwankungen in der Leitung können die Lagerung des Filtermaterials ändern und Undichtigkeiten desselben hervorrufen. Glaswolle empfiehlt sich nicht als Filtermaterial, da der Staub in den glatten Fasern schlecht haftet; Watte ist ein hygroskopischer Körper, der schwer auf konstantes Gewicht zu bringen ist; und Asbest zeigt den Nachteil geringer Filtrationsgeschwindigkeit.

3. Filtration duch zusammenhängende dünne Filterschicht. Man filtriert entweder das Gas durch ein vorher getrocknetes Filterpapier und bestimmt dessen Gewichtszunahme, indem man sich der von Simon[1] angegebenen Vorrichtung bedient, bei der das Gas durch eine Extraktionshülse filtriert wird, oder man verascht das Filter nach dem Versuche und wiegt die Asche (Verfahren von Martius[2].

Die Art des Wägens hängt von der chemischen Beschaffenheit des am Filter abgeschiedenen Staubes ab. Es kommen folgende Methoden in Betracht:

a) Das Arbeiten mit gewogenen Filtern in dem Falle, wenn die Natur des abgeschiedenen Niederschlages keine einfachere Behandlung gestattet.

b) Lösung des am Filter befindlichen Niederschlages behufs weiterer gewichtsanalytischer oder titrimetrischer Bestimmung.

c) Mechanische Trennung des Niederschlages vom Filter, was besonders bei einer entsprechenden Dicke der Staubschicht leicht geht; Veraschung des Filters mit den noch an ihm haftenden Rückständen an Staub in einer gewogenen Platinschale und Wägung beider Anteile.

d) Die Veraschung des Filters samt dem darauf befindlichen Niederschlag in einer Platinschale, wobei man jede Überhitzung der letzteren vermeidet.

Die unter d) genannte Methode führt am schnellsten zum Ziel und empfiehlt sich am meisten für Gichtstaub. Allerdings verbrennt hierbei der Koksstaub, jedoch ist seine Menge im Verhältnis zu der Menge des Niederschlages so gering, daß dadurch die Genauigkeit des Verfahrens sehr wenig beeinträchtigt wird. Es können erfordlichenfalls mehrere Untersuchungen gemacht werden.

Zur Bestimmung von so geringen Staubmengen, wie sie bei der Trockengasreinigung vorkommen, eignet sich nur das Verfahren von Martius. Hierbei wird eine durch einen nassen Gasmesser gemessene größere Gasmenge durch ein erwärmtes aschefreies Filterpapier geleitet. Das Filter wird nach dem Versuch verascht und der Rückstand gewogen. Das Verfahren ist einwandfrei, da der Staub mineralischer Natur ist und beim Glühen entweder durch Oxydation 1—4% an Gewicht zunimmt, oder aber durch Verbrennung der geringen darin enthaltenen Koksstaubmenge nur einige Prozent am Gewicht verliert. Bei genauen Versuchen kann man diese geringe Gewichtsänderung durch Veraschung einer größeren Menge Filterstaub leicht feststellen. Beim

<hr>

[1] Stahleisen 1905, S. 1069.
[2] Stahleisen 1903, S. 735. — Kraft und Betrieb 1913, S. 102/03.

Bestimmen des Staubgehaltes soll die Versuchsgasmenge mindestens 10 m³ betragen, und es ist darauf zu achten, daß der Gasmesser genau arbeitet. Eine kleine Ungenauigkeit des Verfahrens mit Filtrierpapier tritt dadurch ein, daß das Papier ein Körper ist, der durch Trocknen sehr schwer auf gleichbleibendes Gewicht zu bringen ist. Beim Trocknen stellt sich ein Gleichgewicht zwischen der relativen Feuchtigkeit der Außenluft und der Dampfspannung des in der Zellulose enthaltenen Wassers ein. Bei andauerndem Erhitzen auf wenig über 100° C tritt langsam ein vollständiger Zerfall der Zellulose unter Verkohlung ein; man muß deshalb beim Trocknen des Filters scharf darauf achten, daß die Temperatur konstant bleibt.

Die Methode von Martius sucht diese Ungenauigkeit, wie schon vorhin bemerkt, durch Veraschung des Filters zu vermeiden.

Der Filterstaub auf der Halbergerhütte enthält im Durchschnitt folgende Bestandteile:

SiO_2 . . 29%,	K_2O 5%,	
Al_2O_3 . . 20%,	MgO 5%,	
Fe. . . . 4%,	S . . . . . . 0,3% (als Sulfid),	
CaO . . . 27%,	Glühverlust . 3%.	

Der Gichtstaub besteht also größtenteils aus verstaubter und verdampfter Schlacke und ist deshalb glühbeständig.

Unter einem starken Mikroskop erkennt man, daß der Staub 1. aus einer weißen, lockeren Masse; 2. aus mehr oder weniger reduzierten Erzstücken, und 3. aus etwas Koksstaub besteht.

Das Martiusverfahren ist, was Zuverlässigkeit und leichte Ausführbarkeit anbetrifft, die beste Staubbestimmungsmethode. Bei nassem Gas ist es nötig, das Martiusfilter zu trocknen; dazu dient die von Martius benutzte elektrische Glühlampe. Der im Laboratorium der Halbergerhütte übliche Heizkasten ist in Abb. 7 wiedergegeben. Bei dem Simonverfahren wird im allgemeinen, sehr zum Nachteil der Filtrationsgeschwindigkeit, Heizung nicht benutzt. Bei Anwendung derselben ist darauf zu achten, daß die Temperatur des Heizkastens nicht höher ist, als die Trocknungstemperatur des Filters.

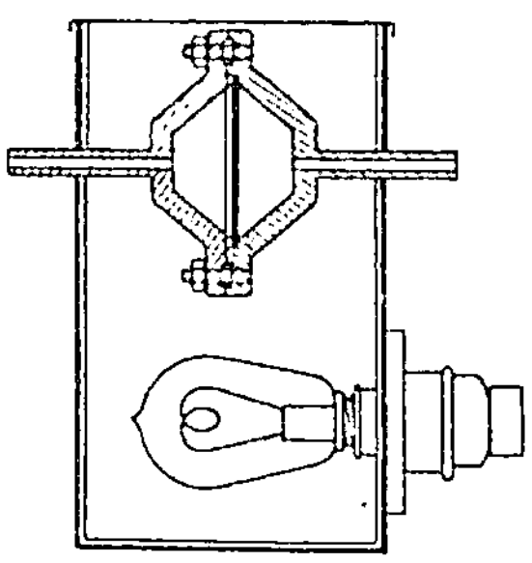

Abb. 7. Staubbestimmungs-apparat nach Martius.

Die angewandte Gasmenge ist möglichst groß zu wählen (nicht unter 10 m³). Dieses Gemenge ist durch ein Filter von 7 cm Durchmesser der Filterfläche in 24 Stunden bequem hindurchzuschicken. Wenn der Druck in der Leitung weniger als 30 cm W.-S. beträgt, so muß man sich einer künstlichen Saugvorrichtung bedienen, wozu sich am besten ein Dampf-, Wasser- oder Windsauger eignet.

Der Staubgehalt der Gase nimmt beim Durchstreichen der Leitung ab, und zwar auch dann, wenn keine hemmenden Apparate wie Prallbleche oder Wasserabscheider eingebaut sind, was bei der Bewertung der Staubzahlen zu berücksichtigen ist.

Die Erscheinung der Selbstreinigung ist selbst bei hochgereinigtem Filtergas noch bemerkbar. Auf der Halbergerhütte enthält das Gas unmittelbar hinter dem Filter 2—5 mg/m³ Staub, und das durch Wasserberieselung gekühlte Gas zeigt nur einen Staubgehalt von höchstens 1 mg/m³.

Auch das nicht durch Wasser gekühlte Gas enthält an den Gasmaschinen unter 2 mg/m³ Staub. Die Ursache ist die, daß der Wasserdampf auf den Staubteilchen kondensiert; dadurch werden diese beschwert und schlagen sich nieder. Es ist also bei Angaben über Gasreinigungsanlagen wichtig, daß man weiß, wo die Messungen ausgeführt wurden.

Ebenso wichtig, wie genaue Gewichtsanalyse sind einfache qualitative Proben zur Erkennung der Reinheit des Gases. Hierzu dient eine in einer Laterne geschützt brennende Gichtgasflamme, deren Trübung oder Rotfärbung Staub anzeigt. Eine weitere qualitative Probe des Staubgehaltes ist das Ausströmenlassen des Gases auf ein schwarzes Tuch, wobei sich der Staub absetzt und man sofort sieht, ob eine Betriebsstörung vorliegt.

Nach den bisher gemachten Erfahrungen ist es unmöglich, den Staubgehalt des Gases unmittelbar an der Gicht der Öfen zu bestimmen, denn der schwere Gichtstaub wird aus dem Ofen bei ruckweisem Fallen der Gichten ungleichmäßig herausgeschleudert. Er bewegt sich mit anderer Geschwindigkeit fort als das Gas und folgt den Strömungslinien des Gases in der Leitung nicht. Staubbestimmungen im Rohgas sind also nur bei solchem Gas möglich, aus dem der schwere Gichtstaub in großen Staubsäcken und langen Leitungen abgeschieden ist, und das nur noch Staub enthält, von dem sich bei weiterem Durchstreichen der Leitungen wenig oder gar nichts mehr absetzt.

Für solche Analysen empfiehlt sich das übliche Filter nach Simon oder nach Martius wegen seiner geringen Aufnahmefähigkeit für Staub nicht. Es wird deshalb ein Apparat benutzt, bei dem sich der Staub auf der einen Seite des Tuches absetzt, und von wo er von Zeit zu Zeit durch einen oben angebrachten Schüttelapparat abgeklopft wird. Filter samt Staub werden nach dem Versuche verascht und die Asche des Tuches in Abzug gebracht.

Die gegenwärtig angewandten Verfahren zur Bestimmung des Staubgehaltes von Gasen unterscheiden sich nach Durchschnitts- und Augenblicksproben der Gase. Für genaue Messungen bediente man sich bisher fast immer der Durchschnittsproben, während die betriebstechnisch wesentlich wertvollere Augenblicksprobe mangels sachgemäßer Ausgestaltung die ihr gebührende Beachtung nicht finden konnte. Das übliche Verfahren zur Bestimmung des durchschnittlichen Staubgehaltes ist das von Martius, das vorhin besprochen wurde. Voraussetzung bei der Ausführung dieses Verfahrens, wenn es Anspruch auf Genauigkeit haben soll, ist große Gewissenhaftigkeit bei der Ausführung dieser Arbeiten, denn das Verfahren kann ohnehin schon durch unbeachtete Schwankungen der Gasfeuchtigkeit, der Durchlässigkeit des Filters, der Filtriergeschwindigkeit und anderer Größen empfindlich beeinflußt werden, besonders wenn die Versuchsdauer kurz und der Staubgehalt gering ist. Von besonderer Wichtigkeit ist das Einhalten des Verhältnisses zwischen der filtrierten und der nach dieser Probe zu beurteilenden Gasmengen während der ganzen Dauer des Versuches. Dieses Verhältnis bleibt durchaus nicht von selbst sich gleich, vielmehr ist die Filtriergeschwindigkeit vom Gasdruck und von der Durchlässigkeit des Filters abhängig, während die Gasgeschwindigkeit in der Hauptleitung ganz unabhängig hiervon wechselt. Dieses Verhältnis muß also durch andauerndes Messen und Regeln gleich gehalten werden, was sehr umständlich und schwer ist. Ein weiterer Nachteil der Durchschnittsproben ist deren Langsamkeit. Bevor das Ergebnis vorliegt, vergehen mindestens einige Stunden. Um Unregelmäßigkeiten im Betriebe aufdecken und durch rechtzeitigen Eingriff die Anlage regeln zu können, ist aber die sofortige Erkennung des Staubgehaltes erforderlich. Die Durchschnittsprobe kann ferner nicht für die Regelung der Gasreinigung nutzbar gemacht werden, weil der Mittelwert, den sie ergibt, alle Einzelheiten verwischt, auch wenn derselbe einwandfrei ermittelt ist. Der Mittelwert pflegt bei einigermaßen gleichmäßigem Betriebe sehr gleichbleibend auszufallen. Für die Betriebsüberwachung ist die Beobachtung des augenblicklichen Staubgehaltes und seine fortlaufende Registrierung ebenso wichtig, wie z. B. die bereits allgemein eingeführte Aufzeichnung des Verlaufs von Gasdruck und Gasgeschwindigkeit. Die Beurteilung des Staubgehaltes nach dem Aussehen einer Probeflamme und nach anderen äußeren Merkmalen ist unsicher und der Ausbildung zu einem genauen Staubbestimmungsverfahren kaum fähig. Wohl aber hat sich die Spur, die staubhaltiges Gas auf einer seinem Strom entgegengehaltenen Fläche hinterläßt, als Grundlage eines bequemen und wesentlich genaueren Staubbestimmungsverfahrens bewährt. Das Wesen des Verfahrens besteht darin, daß man das Gas aus einer Düse auf Papier strömen läßt, das mittels eines Uhrwerkes fortbewegt wird. Hierbei entsteht eine Spur, deren Färbungsstärke in geradem Verhältnis zum Staubgehalt steht, wenn das Gas mit gleichbleibender Geschwindigkeit ausströmt. Das sofort sichtbare Schaubild gestattet bereits eine sehr gute Schätzung des Staubgehaltes. Die zahlenmäßige genauere Bestimmung ist mit Hilfe einer geeichten Vergleichsskala leicht ausführbar.

Die praktische Verkörperung dieses Verfahrens ist aus Abb. 8, dem Kapnograph von Borchers, ersichtlich. Das Gas tritt bei *a* ein und

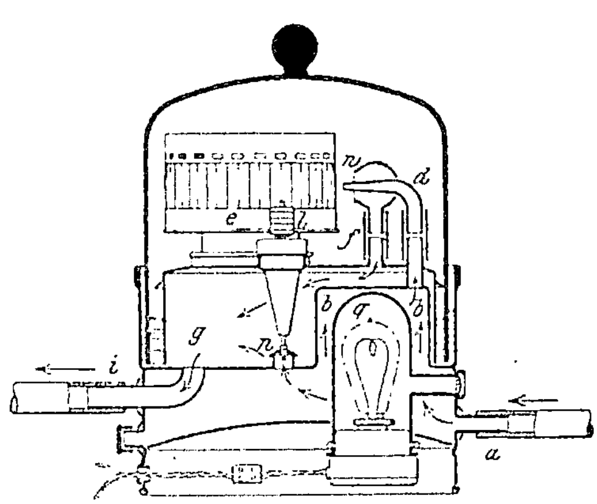

Abb. 8. Kapnograph von Borchers (im Schnitt).

durchströmt den Apparat in der Richtung der angegebenen Pfeile. Das
Gas wird durch einen Heizkörper q, in dem eine 5—10 kerzige Glühlampe brennt, so weit erwärmt, daß die vorhandene Feuchtigkeit sich
niederschlagen kann. Die Schreibdüse d leitet das Gas auf das Schreib-
papier e, wo es eine Staubspur hinterläßt. Das Gas verläßt dann auf
dem Wege w, f, g den Apparat bei i. Ein Teil des Gases geht nicht durch
die Schreibdüse d, sondern durch das mit Gewichten l belastete Über-
strömventil n und von da unmittelbar nach dem Ausströmungsraum g
und zum Ausgang i. Die Gasgeschwindigkeit in der Düse d wird hierdurch gleichbleibend erhalten, weil der Druckunterschied zwischen den
Räumen b und g, d. h. zwischen Ein-Austritt, an der Düse der gleich-
bleibenden Belastung des Ventils n entspricht. Der Schreibraum ist
durch eine starkwandige Glasglocke mit Flüssigkeitsverschluß ab-
geschlossen, so daß das aufgezeichnete Schaubild sichtbar bleibt, aber
kein Gas nach außen entweichen kann. Das Gas strömt mit eigenem
Druck zu oder kann bei i abgesaugt werden, eine Staubablagerung wird
durch große Gasgeschwindigkeit sicher verhindert, weshalb die Rohre
nicht zu weit zu sein brauchen. Der Staub haftet am Papier mit großer
Festigkeit; um die Spur jedoch unverwischbar zu machen, wird sie durch
Aufsprühen einer Fixierlösung befestigt. Durch Auflegen der Vergleichsskala und Verschieben derselben bis zur Übereinstimmung der
beiderseitigen Färbungen kann man den Staubgehalt ablesen. Das
kapnographische Schaubild bietet also ein sehr gutes Mittel, um vor-
gekommene Unregelmäßigkeiten sofort aufzudecken, wie z. B. Wassermangel der Naßreinigung, Überfüllung der Staubsammelrümpfe der
Vorreinigung, Schlauchschäden der Trockengasreinigung u. dgl. Der
Nachteil des Apparates ist der, daß bei größeren Betriebsstörungen, bei
denen sehr grobes Gas mit großem Staubgehalt vorkommt, das Glas der
Glocke sich beschlägt, so daß man nicht mehr ablesen kann, oder daß die
Kanäle des Apparates sich doch verstopfen. Auf jeden Fall muß der Apparat öfters gründlich gereinigt werden, um Verstopfungen vorzubeugen.

Das Ultramiskroskop ist das empfindlichste Mittel zur raschen
Prüfung von hochgereinigtem Gas auf seinen Staubgehalt. Bei der
Untersuchung von feingereinigtem Gas der Trockengasreinigung im
Ultramikroskop ergab sich, daß dasselbe nur einzelne ultramikroskopische Staubteilchen enthielt, während Hüttenluft mehr solcher Staubteilchen besaß als trocken gereinigtes Gas. Bei der Naßreinigung werden
diese feinsten Staubteilchen teilweise ausgeschieden und Rohgas enthält deren zahllose. Bei der Staubbestimmung nach Martius gelangen die ultramikroskopischen Staubteilchen restlos zur Abscheidung.
Das Ultramikroskop zeigt noch Staubteilchen im Gichtgas an, wenn
keine Flammenfärbung mehr wahrzunehmen ist.

Bei der Trockengasreinigung hält nicht der Filterstoff selbst die
feinsten Staubteilchen zurück, sondern der im Stoff haftende Staub
ist die eigentliche filtrierende Schicht, während der Stoff nur der Träger
der Filterschicht ist[1]. Dies ist daraus ersichtlich, daß ein ganz neuer

---

[1] Stahleisen 1921, S. 1648.

Filterschlauch in den ersten Minuten große Mengen Staub hindurch-
läßt, und erst wenn sich eine Schicht von Staub auf dem Gewebe an-
gesetzt hat, arbeitet der Schlauch richtig. Es ist also eine vollständige
Abreinigung der Filterschläuche, wie sie von Nichtfachleuten immer
wieder verlangt wird, nicht nur nicht erforderlich, sondern sogar von
nachteiliger Wirkung. Ultramikroskopische Untersuchungen von
trocken gereinigtem Gichtgas haben ergeben, daß dieses praktisch frei
von Staubteilchen ist; es ist, unter dem Ultramikroskop betrachtet,
optisch leer.

6. Der Gichtstaub.

Die Hochofengase sind verunreinigt durch den sogenannten Gichtstaub. Dieser entsteht dadurch, daß Beschickungsstoffe (besonders
Erzteilchen und Koksabrieb) feiner und feinster Körnungen namentlich
im unteren Teile des Hochofens mitgerissen werden, und daß in der
Schmelzzone des Ofens verdampfende Stoffe sich im Gasstrom niederschlagen.

Die Menge des Gichtstaubes ist abhängig vom Feingehalte der auf-
gegebenen Erze und von der Stückigkeit und Festigkeit des Koks. Die
Menge des Gichtstaubes wird wesentlich beeinflußt durch den raschen
Ofengang und die Pressung des Windes und der Gase im Ofeninnern.
Werden bei einem Hochofen nur Feinerze aufgegeben, und neigen infolgedessen die Gichten leicht zum Hängen, so steigt der Staubgehalt des
Gases ganz erheblich. Man hat in solchen Fällen 30—50 g Staub im
Kubikmeter Gas ermittelt, während der mittlere Staubgehalt etwa
8—10 g/m³ Gas von 0° C ist. Von diesen 8—10 g/m³ Staub bestehen
etwa 60—70% aus reinen schweren Erzteilchen[1], die man durch Brikett-
tieren und Agglomerieren wieder zu verwerten sucht, und die sich vermöge ihres spezifischen Gewichts leicht wieder ausscheiden. Der größte
Teil des Restes besteht dagegen hauptsächlich bei Hochöfen mit höheren
Gichttemperaturen und bei Erzeugung von grauen Roheisensorten,
Ferromangan oder Ferrosilizium, aus vergaster Hochofenschlacke, wie
nachstehende Jahresdurchschnittsanalyse des Gichtstaubschlammes,
der sich bei der Naßreinigung der Gase ergab, deutlich zeigt (s. Zahlentafel Nr. 3)[1].

Zahlentafel 3. Jahresdurchschnittsanalyse des Gichtstaubschlammes einer Naßreinigungsanlage.

	%		%
Fe	7,28	CaO	24,47
SiO₂	21,64	MgO	1,26
Mn	1,75	S	2,51
P	0,148	As	0,015
Al₂O₃	12,75	Pb	2,185

Diese Bestandteile des Gichtgases lassen sich in gründlicher Weise
nur durch eine möglichst tiefe Abkühlung aus den Gasen entfernen. Die

---

[1] Siehe Doktor-Dissertation von R. Buck, Techn. Hochschule Breslau.

Ausscheidung des so fein in dem Gas verteilten Staubes, der demselben die milchigweiße oder gelblichrote Farbe gibt, ist sehr schwer zu erreichen, und es haben sich im Laufe der Zeit die verschiedensten Gasreinigungsverfahren entwickelt, die sich zum Teil sehr gut bewährt haben.

Frischer Gichtstaub enthält in größeren Mengen metallisches Eisen und Eisenoxydul wie auch Zahlentafel 4 und 5[1] zeigen. Bei Abschluß der Luft, also des Sauerstoffes, bindet ein Gemisch von frischem Gicht-

Zahlentafel 4. Gichtstaubanalyse.

	%		%
C	3,51	MnO	1,25
SiO_2 . . .	10,84	P_2O_5	1,02
CaO . . .	8,81	SO_3	1,34
MgO . .	1,68	Cl	2,14
Al_2O_3 . .	8,07	K	2,19
Fe_2O_3 . .	42	ZnO	1,28
FeO . . .	12,16	Glühverlust .	6,90

Zahlentafel 5. Gichtstaubanalyse.

	%		%
Fe . . .	19,45	SO_3 . . .	0,05
Mn . . .	4,65	S	0,46
SiO_2 . . .	15,0	ZnO . .	3,5
Al_2O_3 . .	10,63	C	2,93
CaO . . .	14,5	CO_2 . . .	2,21
MgO . .	3,75	Alkalien .	14,10
P_2O_5 . .	1.28		

staub mit Salzlösungen oder Säuren nicht, oder nur ganz schwach. Ein künstlicher Zusatz von metallischem Eisen erhöht die Bindefähigkeit wesentlich. Bei altem, durch langes Lagern oxydiertem Gichtstaub, wird die verlorengegangene Bindefähigkeit durch Zusatz von metallischem Eisen wiederhergestellt, nicht aber durch einen Brennprozeß.

Der Staubgehalt des Gases wechselt oft sehr stark und rasch. Bald „rußt" der Ofen stark und liefert dabei wenig Gas, bald geht der Ofen schnell und liefert wenig Staub. Außerdem gibt jede neue Gicht und jede Bewegung der Gichten im Ofen einen anderen Staubgehalt.

7. Die Pyrophorität des Gichtstaubes.

Unter der Pyrophorität des Gichtstaubes versteht man die Erscheinung, daß der frische Gichtstaub nach einer gewissen Zeit zu glimmen anfängt. Bei feinverteiltem Metall- bzw. Metalloxydulen, wie sie bei Reduktionen im Leuchtgas oder Wasserstoffgas gewonnen werden, kommt dieses Glimmen auch vor, wenn die noch warme Probe mit der Luft, d. h. mit dem Sauerstoff der Luft in Verbindung kommt.

Schon an der Gicht der Hochöfen beobachtet man pyrophorischen Gichtstaub, und ebenso beim Abzapfen des Staubes aus den ersten Staubsäcken in der Nähe der Öfen sieht man Fünkchen verglimmenden Metalls wegfliegen, während der übrige Staub unverbrannt liegenbleibt. Diese Art der Pyrophorität ist aber von der, wie sie beim Filterstaub der Trockengasreinigung auftritt, verschieden. Schon bei dem in der Nähe des Ofens fallenden groben Staub zeigt sich, besonders bei weniger scharfem Blasen, die Erscheinung, daß die abgezapften Haufen nach einer gewissen Zeit, Stunden und Tagen, zu verglimmen anfangen, was noch verstärkt wird, wenn man durch Umschaufeln Luft zuführt. Je

---

[1] Die Daten sind den Angaben eines Hüttenwerkes entnommen.

Zahlentafel 6. Filterstaub und Gichtstaub

	Fe	Mn	S	CaO	MgO	Al_2O_3	P	Zn
	%	%	%	%	%	%	%	%
Filterstaub vor dem Ab- brennen[1]	3,03	11,01	4,05 Sulfid	15,1	7,29	11,7	0,05	1,2
Filterstaub nach dem Ab- brennen[2]	3,03	10,81	4,07 Sulfat	14,5	6,69	12,0 berechnet auf ur-	0,05	1,5
Gichtstaub aus dem Haupt- rohr am Ofen[3]	39,4	7,70	0,41	3,1	6,97	u. b.	0,018	Spur

weiter die Entfernung vom Ofen ist und je mehr die Feinheit des trockenen Staubes zunimmt, um so pyrophorischer ist derselbe[4]. Der Filterstaub, der bedeutend feiner ist als der grobe Gichtstaub (1 m^3 Filterstaub wiegt 260—350 kg und 1 m^3 Gichtstaub 1500 kg), besitzt diese
Eigenschaften in noch bedeutend stärkerem Maße. Die erste Bedingung
für Pyrophorität ist also feinste Verteilung des Stoffes.

Explosionserscheinungen von an sich schwer verbrennbaren Körpern,
wie Mehl, Zucker[5], Kohlenstaub in feinverteiltem Zustand und bei
großem Luftüberschuß sind bekannt. Gemahlene Kohle läßt sich z. B.
im Preßluftstrome wie Gas verbrennen.

Der Filterstaub, eine blaugraue lockere Masse von äußerster Feinheit,
wird in den Filterkammern bei 80—90° C abgeschieden und aus einem
Sammelkasten von Zeit zu Zeit abgezogen. Nach Ablassen des noch
handwarmen Staubes gerät er von innen heraus in eine lebhafte Tem-
peratursteigerung, die beim Umschaufeln sich zu lebhafter Glut steigert.
Beim Abbrennen geht die blaugraue Farbe des Staubes in eine rötliche
über. Ein unangenehmer, Kopfschmerzen erzeugender Schwaden tritt
auf. Eine Untersuchung ergab Anwesenheit von CO_2 und NH_3; letzteres
ist als Zerfallserzeugnis der Zyansäure aufzufassen, die mit der Feuchtigkeit der Luft in CO_2 und NH_3 zerfällt und durch Beimengung von Zyan
einen stechenden Geruch hat.

Läßt man den Filterstaub unter Luftabschluß abkühlen, so kann
man ihn später der Luft aussetzen, ohne daß er sich entzündet. Darauf
beruht es auch, daß beim Abzapfen weggewehter Staub nicht zündet
und seine blaugraue Farbe behält. Führt man diesem Staub aber Wärme
zu, zum Beispiel durch Anzünden mit einem Streichholz, so gerät er
ins Glühen, wobei sich die Glühzone über die ganze Masse von der Zünd-
stelle aus zonenweise ausbreitet.

Die Temperatur, bei der der Staub beim Wiedererhitzen zur Ent-
zündung kommt, wurde auf 167° C bei frischem Staube und auf 220° C

---

[1] 1 m^3 wiegt 352 kg.   [2] In den Abgasen u. a. $NH_3 = 0,49\%$ der Einwage.
[3] 1 m^3 wiegt 1500 kg.
[4] Stahleisen 1925, S. 122.   [5] Kolloid-Zeitschr. 1922, S. 331/33.

der Wissener Eisenhütte.

Cu	K_2O	Na_2O	Cl	CO_2	CN	SiO_2	C ges.	freier C = C gesamt- C_{CO_2}- C_{CN}	Glüh-ver-lust	Feuch-tig-keit	Pb	1 m³ wiegt
%	%	%	%	%	%	%	%	%	%	%	%	kg
0,15	14,6	1,9	3,1	5,68	1,49	18,2	3,49	1,25	1,5	0,18	0,04	352

sprüngliche Substanz

Cu	K_2O	Na_2O	Cl	CO_2	CN	SiO_2	C ges.	freier C	Glüh-ver-lust	Feuch-tig-keit	Pb	1 m³ wiegt
0,15	15,1	1,7	3,1	2,57	—	18,2	1,06	0,11	—	—	0,04	—
0,1	u. b.	u. b.	u. b.	u. b.	u. b.	8,4	u. b.	u. b.	18,23	—	Spur	1500

bei längere Zeit gelagertem Staub bestimmt. Im Lagerschuppen beginnt die Glut noch nach Wochen aufzuleben, wenn der Staub zum Verladen umgeschaufelt wird. Die bei der Verbrennung erreichte Höchsttemperatur betrug 600° C. Wird der Staub angefeuchtet und dann getrocknet, so verliert er seine Pyrophorität und zeigt eine ähnliche rötliche Farbe wie ungebrannter Staub.

Zahlentafel 6 zeigt eine Analyse eines pyrophorischen Filterstaubes in unverbranntem und verbranntem Zustande, sowie eine Analyse eines Gichtstaubes aus der Nähe der Öfen. Die Zahlentafeln 7, 8 und 9 geben eine Zusammenstellung von pyrophorischen und nichtpyrophoschen Stauben von verschiedenen Werken.

Ein bestimmtes Element bzw. Verbindung läßt sich bis jetzt noch nicht als Ursache der Pyrophorität festlegen. Es muß von Fall zu Fall entschieden werden, was als Ursache die meiste Wahrscheinlichkeit hat. Ob es das Blei, Eisen, Zink oder deren Verbindungen, der freie Kohlenstoff, Eisensulfid, der Mangan- oder Kaligehalt des Staubes ist, die die Pyrophorität des Staubes beeinflussen, ist noch nicht aufgeklärt. Auch soll bei höherem Rohgasdruck der Staub weniger oder nicht, bei geringerem Druck stark pyrophorisch sein.

Ein Mittel, die Pyrophorität auf trockenem Wege zu beseitigen, gibt es noch nicht. Man hat sich bei der Trockengasreinigung, bei der beim Auswechseln der Filterschläuche, welche Beschädigungen erlitten hatten, schon oft ganze Kammern ausbrannten, wenn sie zu lange offen standen, dadurch geholfen, daß man das aus der Kammer austretende Gas absaugte, und so ein schnellstes Zufassen seitens der Leute, die Schläuche auswechselten, ermöglichte. Auch ist es gut, vor Öffnen der Kammer die Förderschnecken noch eine Zeitlang arbeiten zu lassen, so daß aller Staub zur Kammer hinausgeschafft wird.

Zahlentafel 10 zeigt, in welchen Verbindungen die Bestandteile im Filterstaub vorliegen. Die Schwermetalle Eisen, Mangan und Zink sind wahrscheinlich zum größten Teil als Oxydule und Oxyde vorhanden[1].

---

[1] Näheres siehe Stahleisen 1923, S. 466/67.

Zahlentafel 7. Filterstaube.

Werk	Filterstaub, gefallen beim Betrieb auf	1 m³ wiegt kg	Fe %	S %	Mn %	Zn %	P %	CN %	C %	Cu %	Pb %	Alkali K_2O %
				a) pyrophore Staube.								
Wissener Hütte	Spiegeleisen 6/8÷8/10											
	Schrottmöller	352	3,03	Sulfid 4,07	11,01	1,2	0,05	1,49	1,23	0,15	0,04	14,5
	Erzmöller	290	2,88	Sulfid 3,15	10,30	0,86	0,05	0,38	1,11	0,15	Spur	14,0
	Schrottmöller	282	3,79	Sulfid 5,78	12,57	1,5	0,06	1,09	0,64	0,15	„	15,0
		262	2,84	4,96	12,07	1,0	0,05	0,25	0,93	0,15	„	u. b.
Burbacher Hütte	Thomaseisen und	u. b.	4,05	1,98	9,02	Sulfid	0,25	u. b.	u. b.	u. b.	u. b.	u. b.
	Ferromangan		1,43	3,38	11,03	u. b.	0,15	u. b.	u. b.			
Neunkirchener Eisenwerk	Thomaseisen mit 1,4% Mn	u. b.	13,31	0,57 Sulfid	2,5	u. b.	0,35	u. b.	u. b.	u. b.	u. b.	u. b. nicht immer pyrophor.
Werk a	Stahl- und Spiegeleisen	528	6,12	2,17 Sulfid	8,46	3,08	u. b.	u. b.	u. b.	u. b.	u. b. Spur	10,75
„ b	Stahl- und Thomaseisen	362	16,24	1,13	3,06	1,42	0,73	u. b.	0,92	—	—	u. b.
„ c	Hämatit, Stahl-Bessemer-eisen	460	7,6	0,88	1,68	1,6	0,08	0,65	2,86	—	4,5	13,8
„ d	unbekannt (u. b.)	390	2,98	0,02 Sulfid	2,86	—	0,04	0,009	1,53	—	—	13,44
„ e	unbekannt	567	10,41	u. b.	1,36	12,02	0,67	—	2,43	—	—	8,35
				b) nicht pyrophore Staube.								
„ f	unbekannt	363	2,46	2,69 Sulfid	3,23	8,58	0,07	0,26	—	Spur	—	17,3
„ g	Thomas- und	362	8,58	2,5	2,39	3,11	0,76	u. b.	1,83	—	—	u. b.
	Stahleisen		7,43	u. b. Sulfat	2,16	7,45	0,43	0,11	3,74	—	—	17,18
„ 1	Thomaseisen	420	9,8	0,92	2,55	3,2	0,55	—	3,0	—	2,0	18,0
„ a	Spiegel-Stahleisen	512	8,4	1,95 Sulfid	8,4	5,22	0,37	0,04	1,71	0,1	Spur	7,15

Zahlentafel 8. Gichtstaube.

Werk	Gichtstaub, gefallen beim Betrieb auf	1 m³ wiegt kg	Fe %	Mn %	S %	Zn %	P %	K₂O %	C %	Cu %	Pb %
					a) pyrophore Gichtstaube.						
I	Thomas- u. Gießereieisen	1500	33,32	0,3	1,63	7,44	0,28	0,53	Glühverl. 2,3	u. b.	—
II	Spiegeleisen	1200	47,7 / 50,7	— / —	0,87 / 0,94	1,92 / 2,4	— / —	1,14 / 1,14	7,7 / 3,41	— / —	1,02 / 1,74
					b) nichtpyrophorer Staub.						
III	Hämatit	460	43,7	0,9	0,2 Sulfid	2,56	0,038	0,47	7,48	—	0,19

Zahlentafel 9. Gichtstaube.

Werk	Gefallener Gicht-staub beim Betrieb auf	1 m³ wiegt kg	Fe %	Mn %	S %	Zn %	P %	CN %	C %	Cu %	Pb %	K₂O %	Bemerkungen
a) pyro-phorer Staub	Stahleisen und Spiegeleisen 6/8	528	6,12	8,46	2,17	3,08	0,37	u. b.	u. b.	0,1	Spur	10,75	Beim Erhitz. entzünd. sich der Staub bei 200÷220°
b) nicht-pyroph. Staub		512	8,4	8,4	1,95	5,22	0,37	0,04	1,71	0,1	Spur	7,15	Beim Erhitz. oxydiert sich der Staub bei 370°

Zahlentafel 10. Zusammensetzung von

	SiO$_2$ %	Al$_2$O$_3$ %	CaO %	P$_2$O$_5$ %	FeO %	Fe$_2$O$_3$ %	(Fe) %	MnO %	(Mn) %
1. Gefallen beim Betrieb auf Gießerei- u. Stahleisen, nichtpyrophor. Durchschnitt einer Woche	21,67	9,15	12,75	0,41	9,78	0,67	—	2,87	—
2. Wie oben, aber von einem Tage	20,32	9,48	12,37	0,47	7,68	0,77	6,51	2,27	1,76
3. Davon sind wasserlöslich	0,31	0,08	2,11	0,12	—	—	0,15	—	0,03
4. Das sind in % von 2.	1,53	0,84	17,10	25,58	—	—	2,30	—	1,70
5. Gefallen beim Betrieb nur auf Stahleisen, 6. pyrophorisch	18,72	7,11	13,30	0,22	11,58	0,04	—	4,05	—
Gefallen beim Betrieb auf Hämätit u. Stahleisen, schwach pyrophorisch	20,02	10,27	13,78	0,31	6,41	0,60	—	2,20	—

8. Die Verwendung des Gichtstaubes[1].

Der bei der Reinigung der Gichtgase abgeschiedene Gichtstaub, der das Interesse der verschiedensten Industrien erweckt hat, darf bei der Kostenberechnung der ganzen Anlage nicht vergessen werden. Es sind mannigfache Verfahren zur Wiederverwertung dieses Staubes vorgeschlagen worden, von denen sich viele in der Praxis bewährt haben. Die Zweckmäßigkeit oder Notwendigkeit der Brikettierung und Agglomerierung von feinen Eisenerzen und eisenhaltigem Gichtstaub wird im wesentlichen bedingt durch die beiden Momente der Unbequemlichkeit des feinen Materials und dem Wunsch, den anfallenden Staub, der seither nicht nutzbar gemacht werden konnte, wieder zu verwerten[2].

Da die Verhüttung von eisen- oder manganhaltigem Gichtstaub[3] und feiner Eisenerze, auf deren Verwendung wohl jedes Hochofenwerk mehr oder weniger angewiesen ist, viele Übelstände, wie Hängen und Stürzen der Gichten, Explosionen, hohen Koksverbrauch, große Verluste an eisenhaltigem Gichtstaub usw. im Gefolge hat, so hat man versucht, diese feinkörnigen, pulverförmigen Teilchen in Ziegelform zu bringen, durch Pressen des angefeuchteten Materials unter hohem Druck, durch Zusatz organischer oder anorganischer Bindemittel usw., und diese Erzbriketts dann im Hochofen zu verhütten. Nur wenige dieser Verfahren haben brauchbare Ergebnisse geliefert, entweder zerfielen die Briketts mangels genügender mechanischer Festigkeit oder zufolge ihrer chemischen Zusammensetzung bereits in den obersten Zonen des Hochofens, oder sie

[1] The Iron Trade Review 1917, S. 543/44.
[2] Stahleisen 1913, S. 139, 276, 319, 1236, 1310, 1355; 1914, S. 412, 457, 1047.
[3] Stahleisen 1920, S. 1204 und The Iron and Coal Trades Rev. 1920, S. 559/63.

Gichtstaubproben (Filterstaub).

ZnO %	Ba %	MgO %	K$_2$O %	Na$_2$O %	As %	S (Sulf.) %	SO$_3$ %	Cl %	CN %	CO$_2$ %	Cfrel = Cges.− Cco2 − Ccn %	H$_2$O %
7,16	2,06	4,02	6,01	4,03	0,005	0,47	3,33	3,64	0,35	2,67	5,39	5,15
7,24	2,30	3,68	6,19	4,18	0,004	0,44	3,55	3,94	0,25	3,14	5,14	7,18
0,09	0,01	3,02	9,04		—	—	2,40	3,94	0,25	—	—	—
1,26	0,44	82,15	87,20		—	—	67,65	100,0	100,0	—	—	—
10,51	3,06	4,03	7,75	5,60	0,011	0,57	2,60	3,00	1,22	4,27	5,66	3,58
10,16	1,80	4,16	nicht bestimmt		0,006	0,51	2,84	3,56	0,96	3,51	5,15	4,79

waren nicht porös, sondern undurchlässig für die Hochofengase, und
deshalb schwer reduzierbar. Auch waren die vorgeschlagenen Verfahren
zu kostspielig[1].

Bei der Brikettierung ist zu beachten, daß der feine Gichtstaub die
Festigkeit von Erzziegeln erhöht. Besonders hohe Festigkeit erzielt
man bei Erhärtung der Ziegel in gespanntem Dampf (Patent der Allgemeinen Brikettierungsgesellschaft, Berlin). Bei den in Zahlentafel 11
wiedergegebenen Versuchsergebnissen stand Gasfilterstaub von drei verschiedenen Hüttenwerken zur Verfügung; nämlich ein Staub *A*, der
beim Erblasen von Thomaseisen und ein Staub *B*, der beim Erblasen
von Luxemburger Gießereiroheisen gefallen war und ein Staub *C*, der
beim Verhütten eines Gemisches von ausländischen Erzen mit Minette
gewonnen war. Da der Hüttenmann als Kennzeichen eines guten
Briketts die Fallprobe betrachtet (die Briketts fielen von bestimmter
Höhe aus auf eine in Beton eingebettete Gußplatte, wobei sie in eine
mehr oder weniger große Anzahl von Bruchstücken zerfallen), so wurde
diese neben der Druckprobe untersucht. Der Gichtstaub eignet sich
bei seiner Billigkeit in hervorragender Weise als Bindemittel für die
Erz-Brikettierung[2], da er bei vielen Erzen eine bedeutend höhere Festigkeit gibt als die früher angewandten Bindemittel. Bei einigen Erzen
beeinflußt ein Zusatz von ½—1% Kalk zu dem Gichtstaub die Festigkeit
der Briketts besonders günstig.

Es gibt auch verschiedene Verfahren, die die Wiederverhüttung von
eisenhaltigem Gichtstaub und feinen Eisenerzen durch Agglomerieren

[1] Stahleisen 1912, S. 264, The Iron Trade Review 1922, S. 1269/72 und The
Iron Age 1922, S. 1571/72.
[2] Stahleisen 1914, S. 1164/65.

durchführen, wobei die feinen im Gichtstaub enthaltenen Koksteilchen die agglomerierende Wirkung der Gase im Ofen unterstützen[1].

Ebenso lassen sich Gußspäne mit Gasfilterstaub ziegeln[2]. Wegen der geringen Anlagekosten und der günstigen Reduktionsverhältnisse wird das Nutzbarmachen des Gichtstaubes durch Brikettieren dem durch Agglomerieren vorgezogen.

Der weniger eisenhaltige Gichtstaub eignet sich sehr gut als Isoliermasse. Man feuchtet ihn mit Wasser an und trägt den Brei auf die

Zahlentafel 11. Prüfung der Briketts.

Zusammensetzung der Briketts			Prüfungsergebnisse					
			nach der Erhärtung im Dampf		wie vorher, jedoch auf 300÷400° erhitzt		wie vorher, jedoch auf 1000÷1100° erhitzt	
	Zusatz von Gasfilterstaub		Druckprüfung	Fallprüfung	Druckprüfung	Fallprüfung	Druckprüfung	Fallprüfung
Grundmaterial	Menge %	Sorte	Festigkeit kg/cm²	Staubmenge %	Festigkeit kg/cm²	Staubmenge %	Festigkeit kg/cm²	Staubmenge %
Gichtstaub . . .	0		60	5,5	—	—	—	—
	5	A	100	1,8	—	—	—	—
	10	A	115	1,1	—	0,7	—	2,0
	5	B	93	2,9	—	—	—	—
	10	B	110	1,6	—	1,5	—	1,5
	5	C	82	2,8	190	—	—	—
	10	C	102	2,4	—	—	—	—
Kiesabbrände . .	5	A	91	2,7	—	—	—	—
	7½	A	116	1,9	—	—	—	—
	10	A	136	1,2	160	1,1	—	0,9
	5	B	122	1,3	170	0,9	132	0,8
	7½	B	141	0,9	190	0,6	150	0,7
	10	B	153	0,7	220	0,6	117	0,8
	5	C	100	4,7	—	—	—	—
	7½	C	116	1,6	—	—	—	—
	10	C	132	1,0	200	0,8	130	0,7
50% Gichtstaub .	0		64	10,7	—	—	—	—
	10	A	123	1,4	—	—	—	—
50% Kiesabbrände	5	B	105	1,9	200	0,9	—	0,5
	10	B	134	1,1	—	—	—	—
	10	C	109	1,7	—	—	—	—

heißen Leitungen auf. Um die Festigkeit zu erhöhen, empfehlen sich Zusätze von Faserstoffen, wie Asbest, Seidenabfall und Holzwolle.

In der Zementfabrik setzt man den Staub bisweilen dem Rohmehl zu, um die Sinterungstemperatur herabzudrücken, wodurch man an Brennstoff spart und die Qualität des Zementes verbessert. Vorteilhafter ist es jedoch, ihn dem Fertigprodukt zuzumischen.

Der Zementfachmann Ferd. M. Meyer[3] hat insbesondere den

---

[1] Iron Age 1908, S. 594. — Stahleisen 1919, S. 912. — The Iron Trade Review 1917, S. 543. — Zentralbl. Hütten- u. Walzwerke 1921, S. 292/93 und Rev. Mét. 1925, S. 697/710.
[2] Stahleisen 1918, S. 127 und 1919, S. 606.   [3] Tonind.-Zg. 1912, S. 1883/85.

Gasfilterstaub der Trockengasreinigung eingehend untersucht, und seine Arbeit schien anfänglich keine günstigen Ergebnisse zu versprechen, denn frühere Versuche mit dem in den Gasleitungen zwischen Hochofen und Gasreinigung abgeschiedenen Staube hatten eine bedeutende Verschlechterung der Festigkeitseigenschaften, und zwar besonders der Druckfestigkeit, ergeben. Zahlentafel 12 gibt eine Versuchsreihe mit einem

Zahlentafel 12. Portlandzement A unter Zusatz wechselnder Mengen von Gichtstaub.

Ausgangsmaterial	%	7 Tage Wasserlagerung		28 Tage		
				Wasserlagerung		kombin. Lagerung
	%	Zug	Zug	Druck	Zug	Druck
Portlandzement A .		16,5	23	224	38	285
Gichtstaub a . .	5	16,7	23	150	39	216
	10	15,6	21	144	38	206
	20	15,8	23	133	33	173
Gichtstaub b . .	5	16,0	22,5	197	39,5	242
	10	16,0	21,7	170	32	214
	20	16,0	22,5	—	30,4	181
Gichtstaub c. . .	5	16,5	23,7	187	32,2	235
	10	16,1	21,6	149	29	176
	20	14,1	20,0	132	30	173
Gichtstaub d . .	5	15,6	23,7	212	38,7	262
	10.	18,0	23	192	33	232
	20	18,0	20,2	160	30	193
Gichtstaub e . .	5	15,8	20,6	200	37	234
	10	14,2	20,0	169	31	202
	20	14,0	19,0	136	30,5	181

Portlandzement A, mittlerer Güte wieder, während Zahlentafel 13 die entsprechenden Ergebnisse bei einem besseren Zement D zeigt. In beiden Fällen hat der Zusatz von Gichtstaub stark verschlechternd gewirkt. Vor der Verwendung solchen Staubes bei der Betonbereitung ist also zu warnen. Der zu den folgenden Versuchen verwendete Gasfilterstaub stammte von der Halbergerhütte her. Der Staub bildet ein außerordentlich feines Pulver, welches auf dem 5000-Maschen-Sieb keinen, und beim Schlämmen mit 1 mm Geschwindigkeit nur 0,8% Rückstand hinterläßt. Das Litergewicht beträgt eingelaufen nur 210 g, eingerüttelt 316 g; das spezifische Gewicht dagegen 2,37. Die Analyse ergab:

Unlöslicher Rückstand	0,6%	Kalk. .	22,5%
Lösliche Kieselsäure	. 29,8%	Alkalien	6,0%
Lösliche Tonerde . . .	20,1%	Schwefel	0,18%

Über die Entstehung dieses Staubes im Hochofen ist nichts Sicheres bekannt. Das Produkt bildet sich entweder durch Verdampfung der Schlacke vor den Formen, oder durch Verbrennung von Metalldämpfen.

Auf jeden Fall ist der Staub als eine nichtgranulierte kalkarme Schlacke aufzufassen, welche auf Portlandzement nur als Ballast wirken müßte. Nach den Versuchen von Dyckerhoff wäre anzunehmen, daß ein Zusatz bis zu 10% die Zugfestigkeit erhöhen würde, wie dies bei allen feinst gemahlenen Körpern der Fall ist. Die mit drei Gewichtsteilen

Zahlentafel 13. Portlandzement D unter Zusatz wechselnder Mengen von Gichtstaub.

Ausgangsmaterial	%	7 Tage Wasserlagerung		28 Tage		
				Wasserlagerung		kombin. Lagerung
		Zug	Zug	Druck	Zug	Druck
Portlandzement D .		25	32,2	350	45	402
Gichtstaub a ..	5	26,5	31	323	42,6	345
	10	26	32,7	285	35,5	297
	20	20,5	33	261	33,6	286
Gichtstaub b ..	5	26,2	32	333	37,6	340
	10	25	32,6	300	36,2	321
	20	18	27,8	258	32,6	280
Gichtstaub c ..	5	26	33	292	38,5	332
	10	22,5	32,4	282	36,6	315
	20	22,0	27,2	235	33,6	283
Gichtstaub d ..	5	26,5	35,6	283	41,2	347
	10	25,6	33,2	240	37,6	312
	20	25,0	30,2	219	35	285
Gichtstaub e ..	5	26,5	30	280	37,3	300
	10	24	27,6	272	35	312
	20	25,5	28,3	237	32	300

Sand und 180 g Wasser nach den Vorschriften für die Prüfung von Portlandzement eingeschlagenen Proben lieferten aber ein überraschendes Ergebnis, wie Zahlentafel 14 zeigt. Es lagen Ergebnisse vor, die alle Erwartungen weit übertrafen; eine Hochofenschlacke, die die Festigkeit, besonders auf Druck, derartig erhöht, war bisher noch nicht bekannt.

Zahlentafel 14. Portlandzement unter Zusatz wechselnder Mengen von Gasfilterstaub.

Ausgangsmaterial	7 Tage		28 Tage					
	Luftlagerung		Luftlagerung		kombinierte Lagerung		Wasser	
	Zug	Druck	Zug	Druck	Zug	Druck	Zug	Druck
Reiner Gasfilterstaub .	3,5	—	5,5	—	4,0	—	—	—
Reiner Portlandzement	25,5	282	34	347	42,2	445	36	406
mit 10% Gasfilterst. .	32	331	48	474	37	372	42	438
,, 20% ,,	27	340	43	485	29	379	36	429
,, 30% ,,	27	324	41	566	30	398	33	455
,, 40% ,,	32	330	32	330	39	474	38	376

Nach einem Verfahren von Ferd. M. Meyer kann man auch unmittelbar aus Gasfilterstaub und trocken gelöschtem Kalk einen vorzüglichen Schlackenzement herstellen. Ferner ist bekannt, daß der feine Gichtstaub in der Schlackensteinfabrik, dem Kalkmehl zugesetzt, wesentliche Ersparnisse an Kalk herbeiführt und Steine hoher Festigkeit liefert.

Die wichtigste Verwendung des aus der Feinreinigung gewonnenen Gichtstaubes ist diejenige als Düngemittel[1]. Während im Hochofen etwa ⅓ bis zur Hälfte des mit der Beschickung in den Hochofen eingeführten Kali verdampft, wandert der Rest in die Schlacke. In England machte man während des Krieges die Entdeckung, daß durch Zusatz von Kochsalz zur Beschickung sämtliches Kali aus der Schlacke verdampft, indem sich leicht flüchtiges Chlorkalium bildet, daß sich mit dem Staub verflüchtigt, während Natrium in die Schlacke geht[2].

Der Kaligehalt des Gasfilterstaubes schwankt zwischen 2 und 30% K_2O und beträgt im allgemeinen etwa 5—10%. Das Kali ist wasserlöslich, so daß es vom Boden leicht aufgenommen wird. Der Staub enthält außer dem Kali auch viel Kalk und etwas Phosphorsäure (1—2% P_2O_5 bei Erblasen von Thomaseisen und anderen phosphorreichen Eisensorten). Der Staub ist besonders für kalkarme Böden, z. B. zur Wiesendüngung, geeignet.

Als die Beschaffung der Düngemittel Schwierigkeiten bereitete, baute man in England während des Krieges etwa 15 Gasreinigungsanlagen, System Halbergerhütte-Beth, zum Zwecke der Kaligewinnung[3]. Die damaligen Versuche in Amerika, Kali durch Abscheidung des Gichtstaubes in elektrischen Gasreinigern zu gewinnen, scheiterten[4].

Einige alkalireiche Filterstaubarten eignen sich auch zur Flaschenglasfabrikation.

9. Vorteile, Reinheitsgrad, Wirtschaftlichkeit und Hauptanwendungsgebiete des gereinigten Gichtgases.

Die Vorteile, die aus einer guten Reinigung der Gichtgase, nicht allein für den Hochofenbetrieb, sondern für das ganze Hüttenwerk entspringen, sind folgende:

1. Der Betrieb der Winderhitzer, Kessel und Gasmaschinen wird ein gleichmäßigerer, da die häufigen Stillegungen zwecks Staubentfernung unterbleiben.

2. Die Betriebsdauer sämtlicher Gasverbraucher, wie Maschinen, Kessel, Cowper usw. ist eine längere, da sich fast kein Staub mehr in denselben infolge der großen Gasreinheit ansetzt.

3. Die Betriebsstörungen infolge von Verstopfungen der Rohrleitun-

---

[1] J. Iron Steel Inst. 1917, S. 9/28. — Iron Coal Trades Rev. 1919, S. 603. — Iron Age 1919, S. 1362.

[2] Stahleisen 1917, S. 551; 1918, S. 1029; 1919, S. 929 und 1920, S. 748.

[3] La Metallurgia Italiana 1919, S. 72/77. — Mining and Scientific Press 1918, S. 559. — Chem. Metallurg. Engg. 1919, S. 723/26. — Ironmonger 1919, S. 61. — Iron Coal Trades Rev. 1919, S. 768/69 und 1920, S. 541/44.

[4] Economist 1918, S. 769/70. — Iron Coal Trades Rev. 1918, S. 673.

gen durch Gichtstaub fallen zum größten Teil fort, da die Staubansammlungen in den Rohrleitungen bei hochgereinigtem Gas außerordentlich gering sind.

4. Die Druckverluste in den Gasleitungen verschwinden, da Verengungen der Rohrquerschnitte durch Staubabscheidungen an bestimmten Stellen ausgeschlossen sind.

5. Die Reinigungskosten der Rohrleitungen, Gasmaschinen, Winderhitzer und Kessel werden sehr erheblich vermindert.

6. Die Reparaturkosten der Gasmaschinen, Kessel und Winderhitzer werden herabgesetzt, da der Verschleiß der Gasmaschinen bei reinem Gichtgas sehr gering ist, und sich an den Wandungen der Kessel und an der Ausmauerung der Cowper kaum mehr Staub, der eine glasige Schicht bildet und den Wärmeübergang beeinträchtigt, absetzt.

7. Die, durch das häufige Kaltstellen der Winderhitzer zwecks Reinigung, sich ergebenden Wärmeverluste fallen zum großen Teil fort, und die nachteiligen Wirkungen auf die feuerfesten Steine der Apparate die dabei sehr leiden, verschwinden.

8. Der Nutzeffekt der Winderhitzer steigt, weil die Heizflächen rein bleiben und nicht mehr verkrusten; die Folge davon ist Gasersparnis.

9. Der Gasmaschinenbetrieb wird betriebssicher, die lästigen Verstopfungen, Verschmutzungen und der sehr rasche Verschleiß schwer zugänglicher Teile im Innern der Gasmaschinen fallen fort. Dazu kommen noch die Vorteile, die sich aus der weitgehenden Kühlung der Gase ergeben.

10. Die Maschinen werden durch die kürzeren Betriebsstillstände und geringeren Reinigungsarbeiten besser ausgenutzt.

11. Das Volumen des Gases erfährt eine Verminderung, und die Rohrleitungsdurchmesser können dadurch kleiner gehalten werden.

12. Der im Gas enthaltene Wasserdampf wird zum größten Teil kondensiert und ausgeschieden, das Gas wird veredelt.

13. Durch die Kondensation des Wasserdampfes wird das Gas leichter brenn- und entflammbar.

14. Der Heizwert wird erhöht.

15. Es wird eine höhere Verbrennungstemperatur des Gases erzielt, wodurch der Wärmeübergang an die geheizten Flächen der Winderhitzer und Kessel beschleunigt, d. h. der Wirkungsgrad dieser Apparate wesentlich erhöht wird.

16. Durch die höhere Temperatur in den Winderhitzern wird dann wiederum die Windtemperatur erhöht.

17. Die Feinreinigung der Hochofengase ermöglicht erst die Verwendung derselben zur Beheizung von Martinöfen und Roheisenmischern, zur Trocknung in Gießereien und Beheizung der Wärm- und Glühöfen in Walzwerken usw.

18. Die teuren Koksofengase können durch die Verwendung von gutgereinigtem Gichtgas zum größten Teil als Leuchtgas abgegeben werden, wenn man für die Koksöfen-Beheizung Gichtgas verwendet.

Alle diese Vorteile erklären sich nicht allein durch die Entfernung des Gichtstaubes, sondern auch zum großen Teile aus der Abkühlung

der Gase und der Abscheidung des stets im Gas in größeren Mengen enthaltenen Wasserdampfes, der auf ein Minimum reduziert wird. Je tiefer
das Gas gekühlt wird, um so vorteilhafter ist es. Die Trocknung der
Gichtgase ist nur durch energische Kühlung möglich, weshalb bei allen
Reinigungsverfahren ein Hordenwascher oder gewöhnlicher Skrubber
verwendet wird. Um das vom Gas mitgerissene Wasser, welches besonders bei den rotierenden Naßreinigern auftritt, wieder abzuscheiden,
sind sogenannte Wasserabscheider vorhanden, die aber nur die vom Gas
mitgeführten Wassertröpfchen zurückhalten. Der durch die Kühlung
hervorgerufene Verlust an fühlbarer Wärme ist nicht so groß, wie der
Verlust, der sich aus dem schlechteren Wirkungsgrad der Verbrennung
mit nassem Gas ergibt.

Die durch die Gasreinigungsanlage erzielte Koksersparnis im Hochofenbetrieb schwankt auf den einzelnen Hüttenwerken zwischen 20
und 55 kg für die Tonne erzeugtes Roheisen[1]. Die Temperaturerhöhung
der Gebläseluft betrug nach Einführung der Gichtgasreinigung 60 bis
100° C. Die Heizzeit der Winderhitzer ging von 8 auf 5 Stunden und
von 6 auf 3 Stunden zurück, also fast um die Hälfte der Zeit. Die Zeit,
in der die Cowper auf Wind gehen konnten, stieg von einer Stunde auf
1½, und von 1½ auf 2 Stunden. Die Winderhitzer benötigten bei Verwendung von gereinigtem Gas etwa 42—44% der anfallenden Gichtgasmenge. Rechnet man ferner 16—18% für den eigenen Energie-
bedarf des Hochofens, so stehen rund 38—42% der gesamten Gasmenge
zu anderweitiger nutzbringender Verwendung zur Verfügung, während
früher, bei ungereinigtem Gas, das letztere fast vollständig für die Beheizung der Cowper und zur Dampferzeugung für den eigenen Bedarf
der Hochofenanlage verbraucht wurde. Es werden also durch die Gasreinigung ganz beträchtliche Gasersparnisse erzielt, die mit dem Reinheitsgrad des Gases bis zu einem gewissen Grade steigen.

Die Dampferzeugung stieg nach Einführung der Heizung mit gereinigtem Gas um 10%, d. h. um 2—2½ kg für den Quadratmeter Heizfläche und Stunde[1]. Die Betriebsdauer der Cowper stieg von 2—3 Monaten auf 12—14 Monate, und die der Dampfkesselfeuerzüge von 1 auf
3—4 Monate.

Bei der Naßreinigung unterscheidet man im allgemeinen eine Vor-
und Feinreinigung, während es bei der Trockenreinigung nach dem
System Halbergerhütte-Beth nur eine Feinreinigung gibt, wenn man
von der ganz groben Reinigung in den Staubsäcken, wie sie jede Gasreinigung besitzt, absieht.

Die Vorreinigung reinigt das Gas auf etwa 0,3 g/m³ Staub und erfolgt
in den Hordenwaschern und sonstigen Naßreinigern oder Ventilatoren
mit Wassereinspritzung. Dabei wird das Gas zugleich gekühlt und besitzt noch eine Temperatur von etwa 25—35° C. Dieses Gas kann für
die Beheizung der Cowper und Kessel verwendet werden, obwohl es auch
besser ist, für dieselben nur feingereinigtes Gas, d. h. ein Gas mit etwa
0,05—0,02 g/m³ Staub zu verwenden. Die Nachreinigung, auch Fein-

---

[1] Vortrag von Obering. C. Grosse, Metz 1910.

reinigung genannt, erfolgt in den verschiedensten Apparaten, wie sie weiterhin noch näher beschrieben werden.

Als man sich in Deutschland schon lange über den Nutzen einer weitgehenden Gasreinigung einig war, herrschte in England auf den meisten Hüttenbetrieben die Ansicht, daß der Vorteil nicht sehr groß sei. Der Engländer B. W. Head hielt es für die englischen Verhältnisse unwirtschaftlich, die Dampfmaschinen zu beseitigen und Gasmaschinen und elektrischen Betrieb einzuführen. Bei der direkten Verbrennung der Gase unter den Kesseln ginge zwar ein großer Teil der in dem Gas vorhandenen Energie nutzlos verloren, könne aber in Abdampfturbinen wiedergewonnen werden.

Bei der Betrachtung der Wirtschaftlichkeit einer Gasreinigungsanlage, die bei der Wahl des Systems ausschlaggebend ist, sind nicht die Anlage- und Betriebskosten für die Gasraumeinheit eines bestimmten Reinheitsgrades als wichtigste Punkte anzusehen, sondern es sind besonders die Betriebsverhältnisse der Reinigung ebenso wie die der Verbraucherstellen, die mit diesem Gas arbeiten müssen, genau zu betrachten. Heutzutage besteht keine Meinungsverschiedenheit mehr über die Frage, ob Gichtgas gereinigt werden soll oder nicht, denn die praktischen Erfahrungen der letzten 25 Jahre haben bewiesen, daß ein wirtschaftlicher Betrieb nur mit gereinigtem Gas gewährleistet werden kann. Geteilt sind heute nur noch die Ansichten darüber, wie weit die Reinigung für die einzelnen Verbraucherstellen durchgeführt werden muß, und welche Art des Reinigungssystems dabei verwendet werden soll.

Bei der Beurteilung der Wirtschaftlichkeit einer Anlage sind folgende Punkte maßgebend:

1. Die Kosten, bzw. die Ersparnisse, die bei der Verwendung dieses Gases gegenüber einem Gas von anderer Reinigungsstufe entstehen.

2. Die Betriebserfahrungen mit diesem fertig gereinigten Gas.

3. Die Kosten für das fertig gereinigte Gas.

4. Die Betriebserfahrungen an der Reinigungsanlage selbst.

Da es heute möglich ist, das Gichtgas bis auf 0,00043 g/m³ [1] zu reinigen, was praktisch als vollkommen gereinigtes Gas angesehen werden kann, so ist zu untersuchen, wie weit sich die Ausnutzungsmöglichkeiten ändern, wenn Gas von dieser Reinheit an Stelle von vorgereinigtem von 0,3—0,5 g Staub pro Kubikmeter, oder von feingereinigtem von 0,01—0,03 g/m³ verwendet wird. Tatsächlich ist ein Reinheitsgrad des Gases von 0,00043 g/m³ vollständig unnötig, da die zur Verbrennung benötigte Luft auf Hüttenwerken nie auch nur annähernd diesen Reinheitsgrad besitzt, und es dann bei einer solchen Gasreinheit auch wiederum notwendig wäre, diese Luft ebenfalls zu reinigen, was aber viel zu weit führen und die Wirtschaftlichkeit der Gichtgasanwendung stark beeinträchtigen würde.

Das Hochofengas muß, damit es für einen Betrieb geeignet ist, so weit gereinigt sein, daß eine dauernd gute Wärmeübertragung durch

---

[1] Stahleisen 1914, S. 229.

Staubablagerung auf den Heizflächen nicht behindert wird; es muß weitgehend getrocknet und gekühlt werden, damit der Heizwert der Raumeinheit nicht unter eine wirtschaftliche Grenze herabsinkt. Man darf also nicht nur von einer Staubreinigung sprechen, denn der zweite Punkt, die Trocknung und Kühlung des Gases, ist ebenso wichtig, besonders bei seiner Verwendung in Gasmaschinen. Wenn Gas hoher Temperatur mit entsprechend geringem Heizwert je Raumeinheit zur Anwendung gelangen würde, so müßten die Abmessungen der Gasmaschinen größer sein, um dieselbe Leistung zu erzielen. Der Heizwert des Gases je Raumeinheit ist also in diesem Fall nicht nur eine Funktion der chemischen Zusammensetzung des Gases, wodurch erhebliche Schwankungen auftreten können (siehe Zahlentafel 15), sondern auch

Zahlentafel 15.. Kalorimetrische Untersuchungen über den Heizwert von Hochofengas im Minettebezirk.

Gastemperatur = 15° C Gasdruck = 20—30 mm W.S.		Raumtemperatur = 13,5° C Barometerstand = 738 mm Q.-S.			
Im Kalorimeter verbrannte Gasmenge = 0,01 m³ bei jedem Versuch					
Zeit	Temperatur des Wassers		Temperatur-differenz °C	Er-wärmtes Wasser in g	Beobach-teter unt. Heizwert WE	Reduziert. unterer Heizwert WE
	Eintritt °C	Austritt °C				
3³⁰	21,816	27,806	5,990	1460	874	964
3⁴⁵	21,867	27,802	5,935	1465	869	959
3⁵⁰	22,296	26,040	3,744	2296	861	950
4⁰⁰	22,300	25,996	3,696	2348	858	936
4¹⁰	22,138	26,802	4,664	1827	851	928
4²⁰	22,251	28,437	6,186	1367	846	922

Gastemperatur = 20° C Gasdruck = 30—40 mm W.-S.		Raumtemperatur = 23° C Barometerstand = 740 mm Q.-S.			
Im Kalorimeter verbrannte Gasmenge = 0,01 m³ bei jedem Versuch.					
Zeit	Temperatur des Wassers		Temperatur-differenz °C	Er-wärmtes Wasser in g	Beobach-teter unt. Heizwert WE	Reduziert. unterer Heizwert WE
	Eintritt °C	Austritt °C				
10⁰⁰	26,013	30,448	4,435	1840	817	918
10⁰⁵	26,113	30,504	4,391	1820	799	899
10¹⁰	26,155	28,515	2,360	3440	812	913
10²⁰	26,164	30,795	4,631	1720	796	895
10²⁵	26,116	30,204	4,088	1970	806	906
10³⁰	26,100	30,510	4,410	1788	798	887
10³⁵	26,160	30,550	4,390	1818	789	898
10⁴⁰	26,220	30,540	4,320	1810	782	879
10⁴⁵	26,220	30,530	4,310	1805	778	875
10⁵⁵	26,240	30,540	4,300	1810	779	876
10⁵⁸	26,290	31,380	5,090	1555	789	887
11¹⁰	26,730	30,730	4,000	1967	787	885

der Temperatur. Will man die Betriebskosten des feingereinigten Gases verschiedener Werke vergleichen, so muß man die mittleren Betriebsverhältnisse der verschiedenen Gasreinigungsanlagen ermitteln. Dieser Weg ist wohl der schnellste, aber auch der ungenaueste, da jedes Werk andere Betriebsverhältnisse hat. Die Gestehungskosten der Anlagen und somit auch die Verzinsung und Amortisation derselben sind sehr verschieden, je nach dem Stand der Preise, zu dem die Anlage gebaut wurde. Die Selbstkosten für Wasser, Strom, Klärung der Abwässer, Löhne und Materialien gehen auch so weit auseinander, daß der Vergleich sehr schwer und praktisch nicht zu gebrauchen ist. Der andere Weg ist genauer: es werden die absoluten Betriebsziffern ermittelt (Kilowattverbrauch, Wasserverbrauch usw. für 1000 m³ Gas[1] und dann die Selbstkosten für letztere eingesetzt, die als Durchschnittswerte aus einer Anzahl neuerer Anlagen ermittelt werden. Die Art dieser Werteinsetzung ergibt natürlich nicht die tatsächlichen Selbstkosten der einzelnen Anlagen, sondern nur ein relatives Bild von der Wirtschaftlichkeit verschiedener Reinigungssysteme[1].

Die Vorteile der Verwendung von gereinigtem Gas zur Beheizung der Winderhitzer sind bei den verschiedenen Hüttenwerken oft sehr ungleich. So z. B. wurde im Minetterevier die Betriebsdauer der Cowper infolge Beheizung mit Gas von 0,3 g/m³ Staub auf etwa zwei Jahre bemessen, wobei ein Abfall der mittleren Windtemperatur von 100° zu verzeichnen war. Im Ruhrbezirk und auch in Oberschlesien gehen die Winderhitzer sechs Jahre und länger, ohne daß ein Temperaturabfall zu bemerken ist[2].

Ein Vorteil, der sich auf jeden Fall bei der Beheizung der Cowper mit sehr feingereinigtem Gas geltend macht ist der, daß der Cowper nicht mehr den Spannungsänderungen unterworfen ist, die beim Kaltwerden desselben zwecks Reinigung im Mauerwerk auftreten, und zu seiner vorzeitigen Zerstörung beitragen. Auch die mechanische Beanspruchung beim Putzen der Steine fällt weg. Da sich fast kein Staub mehr im Verbrennungsschacht des Winderhitzersa bsetzt, so braucht derselbe nur noch sehr selten außer Betrieb gesetzt zu werden. Der Staub setzt sich im Verbrennungsschacht an der Ausmauerung fest, und es bildet sich eine glasige Schicht, die die Wärmeaufnahmefähigkeit der Steine sehr beeinträchtigt, da der Staub ein ausgezeichneter Isolator gegen Wärmeübertragung ist, und da durch die Bildung dieser Isolationsschicht die tieferen Teile der Ausmauerung keine, bzw. nur wenig Wärme mehr aufnehmen können. Es ist also eine frische Ausmauerung des Cowpers nötig, bevor die Steine eine Erneuerung erforderlich machen, da der Wirkungsgrad des Winderhitzers zu sehr gesunken ist.

Die Verwendung von feingereinigtem Gas ermöglicht es ferner, die Heizfläche zu erhöhen, ohne den Apparat in seinen äußeren Abmessungen zu vergrößern. Der Grund, warum eine Mindestgröße der einzelnen Züge gewahrt werden mußte, nämlich wegen der Notwendigkeit der Reinigung, ist hinfällig geworden.

Es kann also das Gitterwerk so ausgeführt werden, daß Heizfläche

---

[1] Siehe auch: Rev. Technique Luxembourgeoise 1921, S. 61/65, 73/78, 85/93, 101/108, 119/124 und Z. V. d. I. 1926, S. 1324/28.

[2] Stahleisen 1922, S. 285.

und Wärmespeicherung ein Maximum erreichen. Diese Verminderung der Querschnitte der Züge und ihre Vorteile gilt natürlich nur für die hochwertige Feinreinigung, und es müssen die Ersparnisse, die sich daraus ergeben, dem Feingas gutgeschrieben werden. Es können also, da die Züge nicht mehr der Gefahr der Verstopfung durch Staub unterliegen, bedeutend mehr Züge in demselben Winderhitzer untergebracht werden, als es vorher bei Verwendung von ungereinigtem, oder nur grobgereinigtem Gas der Fall war. Ferner wird der Heizwert des feingereinigten und tiefgekühlten Gases durch den geringen Wasserdampfgehalt erhöht, was schon zu Anfang angeführt wurde.

Bei Beheizung mit ungereinigtem Gas erfordern nach allgemeinen Betriebserfahrungen die Winderhitzer mindestens 50%[1] der aus dem Hochofen entweichenden Rohgasmenge. Dieser Betrag sank bei Verwendung von feingereinigtem Gas erheblich. Ein weiterer Verlust beim heutigen Cowperbetrieb mit vorgereinigtem oder nur schlecht gereinigtem Gas ist die mit den Rauchgasen abziehende Wärmemenge. Die Abgase können zur Erwärmung von Verbrennungsluft in einem Röhrensystem oder dergleichen nicht verwendet werden, da der mitgeführte Staub immer störend wirkt und bald zu Betriebsstockungen führt. Hierbei ist der Staub ein sehr guter Isolator gegen Wärmeübergang und drückt den Wirkungsgrad einer derartigen Anlage nach sehr kurzer Zeit stark herunter.

Die Cowpergase treten mit etwa 350^0 in den Fuchs ein, wovon 150^0 ohne Schwierigkeit ausgenutzt werden könnten. [Die bei 10% Luftüberschuß und 200^0 durch die Rauchgase mitgeführte Wärmemenge Q für 1 m³ Gas von 0^0 C und 760 mm Q.-S. ergibt sich mit Hilfe der Zahlentafel 16 zu $Q = 115$ WE oder 11,9% der zugeführten Wärme.

$$Q = 200 (0,41 \times 0,45 + 1,2366 \times 0,31 + 0,04 \times 0,39 + 0,0164 \times 0,31)$$

$$= 115 \text{ WE oder } \frac{115 \times 100}{966} = 11,9\%.]$$

Zahlentafel 16. Rauchgaswärmen.

Analyse des Gases	Heizwert für 1 m³ bezog. auf 0^0 u. 760 mm Q.-S.	Erforderlich. Sauerstoff z. vollständ. Verbrennung bei 10% Luftüberschuß	Entsprechendes Luftvolumen	Volumen des Gemisches		Spez. Wärme
				vor der Verbrennung	nach der Verbrennung	
Vol.-%	WE	m³	m³	m³	m³	C_v
CO₂	12,6	—	—	—	0,126	0,41	0,45
CO	28,0	850	0,14	—	0,280	—	—
H	3,2	82	0,016	—	0,032	—	—
CH₄	0,4	34	0,008	—	0,004	—	—
N	55,8	—	—	0,0786	1,2366	1,2366	0,31
H₂O	—	—	—	—	—	0,04	0,39
O	—	—	0,0164	0,1804	0,1804	0,0164	0,31
	100,0	966	0,1804	0,259	1,8590	1,7030	—

---

[1] Doktor-Dissertation R. Buck Techn. Hochschule Breslau.

Ein Versuch, durch Vorwärmer, der im Unterbau eines Cowpers aufgestellt war, die Wärme der Abgase auf die Verbrennungsluft zu übertragen, scheiterte infolge vollständiger Verstaubung der Rohrschlammen, so daß von einer Wärmeübertragung absolut nichts mehr zu spüren war. Dieses Cowpergas hatte 0,5 g/m³ Staub[1].

Die Meinung, daß bei höherer Verbrennungstemperatur das Sintern im Gitterwerk des Cowpers zunimmt, ist irrig, da das Sintern bzw. Verglasen der Cowpersteine nur auftritt, wenn sich auf ihnen Stoffe ablagern, die bei den im Cowper erzeugten Temperaturen sintern bzw. schmelzen, oder mit dem Schamottestein leichter schmelzbare Verbindungen eingehen. Der Schamottestein selbst hat eine höhere Schmelztemperatur als die theoretische Verbrennungstemperatur des Gases beträgt, und erst durch die mit dem nur vorgereinigten Gas eingeführten basischen Oxyde wird die Bildung von Doppelsilikaten mit niedrigerem Schmelzpunkt veranlaßt und damit der Prozeß für die Zerstörung des Mauerwerks eingeleitet. Beim Betrieb mit Feingas hat sich bei sonst gleichen Verbrennungsbedingungen gezeigt, daß die früheren Sintererscheinungen nicht mehr auftreten, und daß der Cowper infolge ungehinderter Wärmeübertragung eine kürzere Heizperiode benötigt und länger auf Wind gehen kann. Damit kommt man also mit einer geringeren Anzahl von Winderhitzern für den Hochofenbetrieb aus und erspart viel Anlagekapital.

Großen Einfluß auf die erreichbare Höchsttemperatur hat bei technischen Feuerungen der Grad der Durchmischung der brennbaren Gase mit der Luft. Je vollkommener die mechanische Durchmischung erfolgt, desto rascher geht die Verbrennung vor sich. Die bisherige, durch den Staubgehalt der wenig gereinigten Gase bedingte Zuführungsart der Verbrennungsluft bei Winderhitzern gewährleistet aber nur eine unvollkommene und ungleiche Mischung, so daß die bei hochgereinigtem Gichtgas ohne Gefahr der Verschmutzung anwendbaren Brenner mit feinverteilten Durchtrittsquerschnitten bedeutende Vorteile bieten werden.

Die Hochofengasfeuerungen unter den Kesseln haben im Laufe der Zeit nicht diese Entwicklung mitgemacht, wie die Winderhitzer. Die Kessel und ihre Kanäle wurden von Zeit zu Zeit einzeln außer Betrieb gesetzt, wenn man glaubte, daß die Wärmeübertragung durch Ansetzen von Gichtstaub an den Kesselwandungen nicht mehr groß genug war. Obwohl die Verbrennungsluft für die Feuerungen vorgewärmt wurde, stand der Wirkungsgrad der mit ungereinigtem Gas geheizten Kessel doch weit hinter dem der mit Kohlen geheizten Kessel zurück. Man führte auch die Beheizung der Kessel mit vor- oder feingereinigtem Gas ein; aber diese Neuerung wurde wenig verwertet, da die Fortschritte in der Reinigung der Gichtgase Hand in Hand gingen mit der Vervollkommnung der Gasmaschinen, und die unmittelbare Verwendung des Gases in den Gasmaschinen der unter den Kesseln vorgezogen wurde.

Es wurden verschiedene Arten von Kesselfeuerungen für vor-

---

[1] Stahleisen 1922, S. 286.

gereinigtes Gichtgas konstruiert, die sich sehr gut bewährt haben, die aber aus obigen Gründen geringe Verbreitung fanden.

Die Entwicklung der Großgasmaschinen geht Hand in Hand mit der der Gasreinigung. Bereits im Jahre 1908, nachdem der Bau von mit Gichtgas betriebenen Großgasmaschinen acht Jahre früher in Angriff genommen wurde, waren in der ganzen Welt über eine Million Pferdestärken in Gasmaschinen im Betrieb oder in Ausführung[1]. Die Gründe dieser gewaltigen Entwicklung waren in den damaligen wirtschaftlichen Vorteilen der Gasmaschinen gegenüber den Dampfmaschinen zu suchen. Die Gasmaschine besaß einen etwa doppelten so großen thermischen Wirkungsgrad und erzeugt mit derselben Gasmenge die drei- bis vierfache Kraft als die Dampfmaschine[2].

Bei gereinigtem Gas von 0,02 g/m³ Staub ist eine Reinigung der Ventile der Gasmaschinen etwa 2—4 mal jährlich vorzunehmen, eine große Reinigung nur einmal im Jahr; es sind aber auch schon Maschinen zweieinhalb Jahre gelaufen bei demselben Gasreinheitsgrad, ohne daß sie gründlich gereinigt wurden[3].

Es hat sich gezeigt, daß die Ventile im Winter, obwohl das Gas im allgemeinen reiner ist als im Sommer, leichter verstauben. Der Grund hierfür ist darin zu suchen, daß im Winter das Gas kälter ist und mehr kondensierten Wasserdampf mechanisch mit sich führt. Dieser Wasserdampf wird auf dem Wege von der Reinigung zur Gasmaschine infolge stärkerer Oberflächenkühlung durch die Rohrleitungen niedergeschlagen, das Gas ist also nasser. Der letzte Staub wird aber noch von dem Wasserdampf gebunden, wenn letzterer kondensiert, wie durch einen Versuch festgestellt wurde. Gas von 0,019 g Staub und 80,1 g Wasser je Kubikmeter wurde auf 0 ⁰ gekühlt, worauf es nur noch 1,87 g Wasser enthielt, während Staub nicht mehr nachzuweisen war.

Beim Eintritt des nassen Gases in die warmen Ventile wird das mitgerissene Wasser verdampft, und der Staub bleibt als Kruste zurück, während im Sommer, wo das Gas überhitzter, also wenig oder gar nicht übersättigt ist, eine Verdampfung nicht mehr stattzufinden braucht. (Bei —4 ⁰ C Außentemperatur wurde bis 30% übersättigtes Gas vorgefunden.)

Zur Vermeidung von Frühzündungen in den Gasmaschinen ist eine möglichst weitgehende Kühlung des Gases von Vorteil. Die sichere Zündung hängt von der guten Entflammbarkeit des Gases ab, und diese ist um so besser, je trockener das Gas ist. Das Gas ist aber um so trockener, je kühler es ist und je mehr Wasserdampf aus ihm durch Kondensation ausgeschieden ist. Die Kühlung sollte im Jahresdurchschnitt bis annähernd auf die Lufttemperatur erfolgen, so daß im Sommer, etwa fünf Monate lang, keine Kondensation des Wasserdampfes in den Rohrleitungen erfolgt und die sogenannten Verschmierungen vermieden werden. In gewissen Monaten, besonders im Winter, wird sich dieses Ziel nicht gut erreichen lassen. Auf einem Hüttenwerk soll es versucht

---

[1] Z.V. d. I. 1908, S. 2017.
[2] Doktor-Dissertation R. Buck Techn. Hochschule Breslau.
[3] Stahleisen 1922, S. 287.

worden sein, das Gas mittels Eismaschinen auf 0° C herunter zu kühlen, wodurch das Gas natürlich absolut trocken werden würde. Der hohen Kosten wegen wurde aber die Einführung dieses Verfahrens wieder fallen gelassen.

Glimmende Ölreste und Krusten von Staub im Zylinder vermehren selbstverständlich die Gefahr des Eintretens von Frühzündungen, die besonders bei starker Belastung der Maschine auftreten. Es ist deshalb eine aufmerksame Behandlung der Maschine dringend nötig. Bei weit gehender Gasreinigung ist stets eine Abnahme der Frühzündungen zu beobachten.

10. Das Klären der Abwässer.

Wenn das für die Gasreinigungsanlagen benötigte Wasser, welches besonders bei der Naßreinigung groß ist, nicht in genügender Menge zur Verfügung steht, oder wenn die Abführung des schmutzigen und warmen Wassers, das oft schädliche Stoffe aller Art mit sich führt, Schwierigkeiten bereitet, so muß das Wasser geklärt und rückgekühlt werden, um im Kreislaufe wieder verwendet werden zu können.

Bei der Klärung der Abwässer kommt sowohl die Beseitigung der im Wasser ungelöst vorhandenen Teile (1000—2670 g/m^3), wie sie bei der Gasreinigung in Form des ausgeschiedenen Staubes sind, wie auch die Entfernung der im Abwasser gelöst vorhandenen Bestandteile, der, unter Einwirkung von Wasser und der im Gichtgas vorhandenen Kohlensäure entstehenden doppelkohlensauren Verbindungen von Kalk, Magnesia, Natrium und Kalium, sowie der nur selten auftretenden Zyan- und Schwefelwasserstoffverbindungen in Frage.

Die Beschaffenheit der Abwässer ist abhängig, wie die des Gichtgases auch, von den zur Verhüttung gelangenden Erz- und Kokssorten und deren Beschaffenheit, dem mehr oder weniger angespannten Betrieb des Ofens, dem erzeugten Roheisen und dessen Schlacke, der Beschaffenheit des Gichtstaubes und des frisch eingeführten Wassers, sowie von der Art der Gasreinigung.

Die Ableitung des, durch das Einspritzwasser der Naßreiniger niedergeschlagenen Gichtstaubes hat bisher an vielen Stellen mancherlei Unbequemlichkeiten bereitet, indem der ausgefällte Gichtstaub unter Wasser nach und nach immer mehr erhärtet. In dem erhärteten Zustande haftet er an den Lagerstellen oft so fest, daß er nur von Hand mit der Kratze beseitigt werden kann.

Als Kläranlagen werden meist große Becken verwendet, in denen sich der Schlamm des Wassers absondern und auf den Grund sinken soll. Die Entfernung des Schlammes geschieht meist entweder durch Bagger oder durch Greifer. Es sind aber auch andere Schlammentfernungsanlagen gebaut worden, z. B. von der Firma A. Borsig, Berlin-Tegel, von den Zschocke-Werken, Kaiserslautern und von der Wasser- und Abwasserreinigungsgesellschaft, Neustadt a. d. Hardt.

Das System der Schlammentfernung von A. Borsig ist folgendes: Da die Ausscheidung des erhärteten Gichtschlammes und sein Transport durch die bisher angewandten Fördereinrichtungen gewisse Schwie-

rigkeiten verursachte, sah sich die genannte Firma veranlaßt, ein unter
dem Namen „Mammut-Bagger" empfohlenes Verfahren zum Klären von
Abwässern und Transport von Schlamm zur Anwendung zu bringen.
Das von der Gasreinigungsanlage kommende Abwasser, in welchem der
Gichtschlamm enthalten ist, wird in einen Klärteich geleitet. Der im
Klärbecken ausgefällte Gichtschlamm lagert sich auf dem mit trichterförmigen Vertiefungen ausgestatteten Boden ab, und von hier geht eine
Rohrleitung zu einem Schlammkessel. Sobald die Ablagerung von Gicht-
schlamm im Klärteich eine bestimmte Höhe erreicht hat, wird der Zu-
lauf der Abwässer unterbrochen. Nachdem das in dem Becken an-
stehende Abwasser für den Ablauf genügend geklärt ist, wird es durch
Öffnen einer Schütze bis dicht an die Oberfläche des Schlammes abgelassen. Da die Gasreinigungsanlage Tag und Nacht im Betrieb ist,
so ist es notwendig, zwei Klärbecken zu unterhalten, damit während der
Reinigung des einen das andere in Betrieb genommen werden kann.
Durch Evakuieren eines Schlammkessels wird der in dem Klärbecken
abgelagerte Schlamm in den Kessel eingesaugt. Sobald der Kessel genügend hoch mit Schlamm gefüllt ist, wird durch Betätigung entsprechend angebrachter Steuerorgane Preßluft in den Kessel geleitet
und der Schlamm hinausgedrückt. Dieses Spiel wiederholt sich so oft,
bis sämtlicher Schlamm aus dem Becken entfernt ist. Da der Boden des
Beckens mit schrägen Wänden versehen ist, die ein gutes Gleiten des
Schlammes gestatten, so rutscht der weiche Schlamm im allgemeinen
ohne weitere Hilfe der Saugstelle des Mammut-Baggers zu. Sollte jedoch
der Gichtschlamm an den Wänden des freigelegten Bodens haften-
geblieben sein, so läßt er sich ohne weiteres durch einen einfachen
Wasserstrahl oder mittels Kratze in Bewegung bringen. Auf jeden
Fall ist das Becken in bequemer Weise zuverlässig von dem Gichtschlamm gereinigt.

Ähnlich ist das Verfahren der Zschocke-Werke.

Da eine getrennte Klärung des Schlammwassers der Vorkühlung
und der eigentlichen Naßreinigung neben einigen schon früher angeführten Vorteilen den großen Nachteil der größeren und teureren Kläranlagen hat, so wird oft ein Verfahren angewendet, das sehr praktisch
ist, sich gut bewährt und fast denselben Effekt hat wie die getrennte
Klärung. Es ist dies das Verfahren der Wasser- und Abwasserreinigungs-
G. m. b. H., Neustadt a. d. Hardt mit Vorbecken[1]. Um den erzreicheren
Gichtschlamm der Vorkühlung zu gewinnen, wird zunächst das gesamte
Schlammwasser der Kläranlage zugeführt. Dort fließt es aber zuerst
in ein, dem eigentlichen Neustadter Becken vorgelagertes Vorbecken,
wo sich der schwere Schlamm bei der langsamen Strömung schnell absetzt. Beim Durchfließen des großen Hauptklärbeckens wird das
Wasser dann vollends geklärt. Die beiden Becken werden dann getrennt entleert, so daß der hochwertige Schlamm des Vorbeckens,
der oft 40—50% Eisenoxyd im Trockenrückstand enthält, wieder
zur Brikettierung und Verhüttung verwendet werden kann. Durch

---

[1] Stahleisen 1915, S. 833.

dieses Verfahren werden die Nachteile der Naßreinigung gegenüber der Trockenreinigung in dieser Beziehung zum großen Teile aufgehoben und die Kläranlage nur ganz unwesentlich vergrößert. Die Schlammentfernung aus den einzelnen Klärbecken erfolgt durch den Druck des in den Bassins stehenden Wassers. Es ist dabei nicht nötig, daß das ganze Becken außer Betrieb gesetzt wird, was ein großer Vorteil ist.

In neuerer Zeit verwendet man zur Schlammentfernung besonders konstruierte Kolbenpumpen, welche fahrbar über den einzelnen Klärbecken angeordnet sind, und die den Schlamm direkt aus den einzelnen Bassins saugen und nach dem Schlammwagen oder sonstigen Ablagerungsstellen pumpen.

Ein näheres Eingehen auf die verschiedenen Kläranlagen und deren Schlammentfernung soll hier nicht stattfinden[1].

Von einer guten Kläranlage sind folgende Bedingungen zu erfüllen:

1. Geringe Wassergeschwindigkeit (1—2 mm/sec).

2. Genügend lange Durchflußzeit (etwa 2 Stunden).

Das Wasser enthält dann noch etwa 50 g/m^3 ungelöste Bestandteile und ist genügend geklärt. Da mit Rücksicht auf den Platzbedarf, der auf allen Werken möglichst einzuschränken ist, die Grundfläche der Kläranlagen nicht zu groß werden darf, so muß man die Anlage möglichst tief gestalten und das Wasser zugleich zwingen, die unteren Teile des Beckens zu durchfließen, was durch Anordnung von Jalousien erreicht werden kann.

3. Gleichmäßige Durchflußzone.

Man teilt deshalb am besten die Kläranlage in einzelne Becken und verteilt den Zu- und Ablauf, der verstellbar sein muß, über die ganze Breite des Beckens. Ein starker Wind, und infolgedessen hoher Wellenschlag, ist von Nachteil für den Klärvorgang und kann durch Einbau von sogenannten Windwänden und günstige, geschützte Lage der Kläranlage zum Teil beseitigt werden. Zum Erzielen einer gleichmäßigen Durchflußzone muß sich der Schlamm möglichst gleichmäßig absetzen und auch in möglichst gleichmäßigen Zwischenräumen entfernt werden können.

4. Absetzen des Schlammes am tiefsten Punkt des Klärbeckens.

Die Beckenwände sind·so steil auszubilden, daß auf ihnen Schlammablagerungen nicht möglich sind. Dies wird erreicht mit einer Neigung der Wände von 60° und einem glatten Verputz derselben.

5. Mechanische vollständige Schlammentfernung innerhalb und außerhalb der Kläranlage.

6. Geringe Anlage- und Betriebskosten.

7. Geringer Platzbedarf.

8. Die Oberfläche der Kläranlage soll nur so groß sein als unbedingt notwendig ist, da sonst eine reichliche Lüftung des Wassers stattfindet und das Eisenoxydul des Gichtstaubes oxydiert, wobei das Wasser sich rot färbt, was oft sehr unangenehm ist.

9. Die Schlammbeseitigung hat möglichst unter Wasser zu erfolgen, ohne daß das betreffende Klärbecken außer Betrieb gesetzt werden muß.

---

[1] Stahleisen 1911, S. 270, 1310, 1759 und 1915, S. 336, 829.

10. Es muß sämtlicher Schlamm restlos aus dem Becken entfernt werden können, da er sonst erhärtet und schwer zu beseitigen ist.

11. Bei der Beseitigung des Schlammes darf das Wasser nicht wieder von neuem getrübt werden.

Inwieweit diese Bedingungen eingehalten werden können, hängt ganz von der Art der Klärung und Schlammentfernung ab.

Bei der Naßreinigung ist zu untersuchen, ob es richtiger ist, die Abwässer der Kühler, der Vor- und Feinreinigung getrennt oder gemeinsam zu klären. Beim gemeinsamen Klären gelangt das heiße Abwasser der Kühler mit dem kühlen der mechanischen Reiniger in ein Becken, so daß nachher das gesamte Wasser einer Rückkühlanlage zugepumpt werden muß, falls das Wasser wieder verwendet werden soll. Beim getrennten Klären der beiden Abwasserarten kann das der Naßreiniger nach dem Klären sofort wieder verwendet werden. Ein weiterer Vorteil der getrennten Klärung ist der der Verwendung des Schlammes der Kühler. Die Gichtstaubbestandteile des Abwassers der Gaskühler sind schwer und setzen sich leicht ab, da sie einen hohen Eisengehalt besitzen, der wieder verwertet werden kann; die Abwässer der Vor- und Feinreinigung sind leicht, sie schweben fast im Wasser und setzen nur sehr langsam ab. Bei der gemeinsamen Klärung reißen die schweren Staubteilchen einen Teil der leichten mit sich, der Eisengehalt wird also geringer. Bei getrennter Klärung nimmt die Kläranlage jedoch eine größere Fläche ein, und die Platzfrage ist meist bei der Wahl der Kläranlagen maßgebend.

Der gesamte Wasserverlust durch Verdunstung beim Rückkühlen und Klären, einschl. des Wasserverlustes bei der Schlammentfernung, beträgt etwa 8—10% der zirkulierenden Wassermenge. Als Rückkühlanlagen werden in den meisten Fällen die hölzernen Kaminkühler verwendet.

Für die Pumpenanlage zur Beförderung des geklärten Wassers zum Kühlturm werden am besten Zentrifugalpumpen benutzt, welche gegen das ziemlich verunreinigte Wasser unempfindlich sind, nur geringe Anschaffungskosten verursachen und infolge der Möglichkeit der direkten Kupplung mit dem Elektromotor wenig Wartung erfordern.

Die bei der Gasreinigung sich bildenden doppelkohlensauren Verbindungen machen das Wasser härter. Diese im Wasser löslichen Salze scheiden sich in der Rückkühlanlage, den Pumpen, Leitungen usw. infolge der Temperatur- und Druckverminderungen als kohlensaurer Kalk und kohlensaure Magnesia wieder aus und bilden steinharte Krusten, die Anlaß zu Betriebsstörungen geben. Das Wasser muß also in der Kläranlage gleichzeitig enthärtet werden, was am besten durch Zusatz von gesättigtem Kalkwasser erfolgt. Das Wasser darf noch etwa 10—15 deutsche Härtegrade besitzen, da dann keine Krustenbildungen mehr eintreten[1].

Durch diesen Kalkzuschlag geht also die Klärung des Wassers schneller vor sich, weshalb die Kläranlage verkleinert werden könnte; es wird

---

[1] Stahleisen 1911, S. 1310.

aber andererseits der Eisengehalt des Schlammes durch den Zusatz des kohlensauren Kalkes heruntergedrückt. Es ist also von Fall zu Fall zu entscheiden, welche Vorteile größer sind. Die Kosten des erforderlichen Kalks dürfen auch nicht zu hoch kommen. Eine andere chemische Reinigung des Abwassers kommt nicht in Frage, da Zuschläge von Eisensulfat oder Aluminiumsulfat, die die Klärung ebenfalls beschleunigen, viel zu teuer kommen.

11. Die Staubsäcke.

Da sich der Gichtstaub auf seinem Wege durch die Leitungen teilweise von selbst absetzt, und man die Beobachtung machte, daß dort, wo die Richtung der Leitung geändert werden mußte, oder dort, wo die Querschnitte der Leitungen erweitert wurden, stets mehr Staub als in den übrigen Teilen der Rohre zu finden war, so war es natürlich, daß man sich dieser Art der groben Reinigung zuerst zuwandte. Die Änderung der Strömungsrichtung des Gases wurde meist durch Auf- und Ab- oder durch Zickzackführung bewirkt. Der Staub sammelte sich an den tiefsten Stellen der Rohre, wo er leicht entfernt werden konnte. Man suchte, ähnlich den heutigen Wasserabscheidern bei der Naßreinigung, Stoßflächen in die Leitungen einzubauen, damit sich der Staub beim Anprall des Gases an die Flächen reichlicher abscheide; dabei beachtete man aber nicht, daß durch die Querschnittsverminderung die Geschwindigkeit erhöht wurde, und so der abgeschiedene Staub zum größten Teil wieder mitgerissen wurde. So kam man von selbst auf die Erweiterung der Rohrleitungen. Das Bestreben, die Geschwindigkeit des Gases zu vermindern, zeitigte die sogenannten Staubsäcke, wie sie heute an jedem Hochofen zu sehen sind, und die den Zweck haben, den allergröbsten Staub des Gases aufzunehmen. Diese Staubsäcke drücken infolge ihrer von Luft berührten Oberfläche auch gleichzeitig die Temperatur des Gases herunter. Die Art der Gaszu- und abführung ist dabei sehr verschieden. Der eine läßt das Gas von oben nach unten fallen, der andere von unten nach oben steigen; der eine führt das Gas axial, der andere tangential dem Reiniger zu. Die Ansichten über das beste dieser Verfahren sind sehr verschieden, maßgebend ist in allen Fällen die Geschwindigkeitsverminderung, und deshalb muß der Staubsack möglichst großen Durchmesser haben.

Allen Gasreinigungssystemen gemeinsam ist die trockene Grobvorreinigung in den Staubsäcken. Die Staubsäcke, die die ältesten und einfachsten Grobreiniger darstellen, werden immer noch neben den neueren Einrichtungen, wie Filter, Desintegratoren und andere Wascher mit Erfolg verwendet, das sie für alle Verhältnisse der Grobreinigung anwendbar sind, volle Betriebssicherheit bieten und keine, oder nur sehr geringe Betriebskosten verursachen. Die Reinigung der Gichtgase in den Staubsäcken ist ja eine sehr unvollkommene; trotzdem soll sie soweit wie möglich durchgeführt werden, besonders bei der Naßreinigung, da sich hier der eisenreichste Staub (siehe Zahlentafel 17)[1]

---

[1] Stahleisen 1922, S. 296.

Zahlentafel 17. Gichtstaubanalysen.

	Fe %	CaO %	Rückstand %
Staub aus dem Staubsack	36,84	10,91	10,38
Staub aus dem Kühler	35,17	11,95	8,70
Staub aus der Vorreinigung	12,51	14,80	26,26
Staub aus der Nachreinigung. . . .	10,98	20,02	23,36

absetzt, der am besten brikettiert werden kann und auch gut transportabel ist. Der Eisengehalt des Staubes in der zweiten Reinigungsstufe, den Kühlern, ist fast gerade so hoch, wie der der ersten, kann aber bei der Naßreinigung wenigstens nicht gewonnen werden, da er durch die Klärteiche auf die Halde geht.

Durch die Anordnung von Staubsäcken wird die eigentliche Gasreinigung entlastet und man benötigt weniger Kühl- und Waschwasser, das nachher wieder geklärt werden muß; die auszuscheidende Staubmenge ist auf die Bemessung der Klär- und Schlammentfernungsanlagen von sehr großem Einfluß.

Die Wirkung der Staubsäcke beruht darauf, daß, bei verminderter Gasgeschwindigkeit, dem Staub Zeit gegeben wird, sich vermöge seiner Schwere abzulagern. Früher war man der Ansicht, daß die Wirkung der Staubsäcke eine um so bessere ist, je größer das Volumen derselben ausgeführt wird. Es hat sich aber erwiesen, daß es nicht auf die Größe ankommt, sondern nur auf den Durchmesser der Staubsäcke, und zwar je größer dieser ist, desto besser kann sich der Staub infolge der Schwerkraft abscheiden. Es wurden in neuerer Zeit Staubsäcke mit 12 m Durchmesser gebaut, und man könnte noch größeren Durchmesser nehmen, wenn die Platzverhältnisse es erlauben. Auch findet man zwei und mehr Staubsäcke hintereinander geschaltet, jedoch wäre es viel zweckmäßiger, dieselben parallel zu schalten, weil dadurch eine wesentlich größere Verminderung der Gasgeschwindigkeit erreicht würde.

Die sogenannte laminare, vollkommen geradlinig parallele Strömung ist für die Staubausscheidung am günstigsten; am ungünstigsten ist die turbulente. Um den laminaren Strömungszustand zu erreichen, darf die Geschwindigkeit des Gases nur eine vom Strömungsquerschnitt abhängige Größe haben, und zwar wird die Geschwindigkeit um so kleiner, je größer der Querschnitt ist. Die Geschwindigkeit des durchströmenden Gases soll etwa 0,5—0,8 m/sec betragen. Die Gase werden im Staubsack auch gleichzeitig gekühlt. So wurde z. B. bei einem Gas, das an der Gicht 200 ⁰ C hatte und einen Staubgehalt von 6—8 g/m³ besaß, im Staubsack nach dessen Durchströmen nur noch 80—100 ⁰ C und 1,5—1,8 g/m³ Staub gemessen[1].

Das der Gicht entströmende Gas führt zunächst den Staub in Richtung des Gasstromes mit sich fort. Da jedoch der Staub spezifisch schwerer ist als das Gas, so wird sich bald die Wirkung der Schwerkraft geltend machen und dem Staub eine Beschleunigung erteilen, die, je nach

---

[1] Doktor-Dissertation R. Buck Techn. Hochschule Breslau.

dem Neigungswinkel des Rohres zur Wagrechten, die Geschwindigkeit
der Staubteilchen vergrößert oder vermindert. Die Schwerkraft bedingt
also eine Scheidung des Staubes vom Gas, soweit ersterer ihrer Einwirkung nachgibt. Die Gasführung muß also für die Ausscheidung des
Staubes so sein, das dieser ein Maximum an Geschwindigkeit erreicht hat
in dem Augenblick, wo die Strömungsrichtung der Gasteilchen bei einem
Minimum an Geschwindigkeit umgekehrt wird. An der Prallfläche verliert dann der Staub infolge seiner vollkommen unelastischen Eigenschaft seine lebendige Kraft und bleibt auf der Fläche liegen. Das Gas
hingegen strömt in der neuen Richtung weiter. Es muß jedoch dabei
beachtet werden, daß im Augenblick der Richtungsänderung des Gases
keine plötzliche Geschwindigkeitszunahme desselben eintritt, da sonst

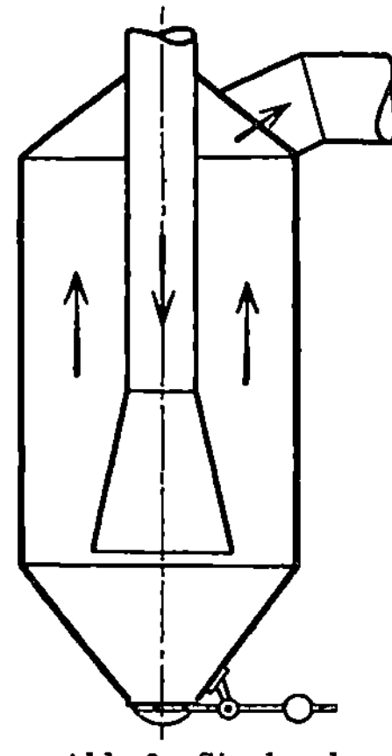

Abb. 9. Staubsack.

leicht ein Teil des abgeschiedenen Staubes wieder
mitgerissen wird. Die Einführung des Gases in den
Staubsack hat also nach dem vorher Gesagten senkrecht in Richtung der Schwerkraft zu erfolgen, und
zwar in der Art, wie es in Abb. 9 angegeben ist.
Der Staub erreicht unter der Einwirkung der
Schwerkraft ein Maximum an lebendiger Kraft,
während das Gas, in dem Bestreben, den ganzen
Konus auszufüllen, seine Geschwindigkeit vermindert.

Um eine gute Entleerung des sich im Staub-
sack angesammelten Staubes zu erreichen, wird der
Boden des Behälters mit einem möglichst schlanken
Konus versehen; auch ist es von Vorteil, den Staubsack so hoch zu legen, daß eine bequeme Entleerung
in darunter stehende Eisenbahnwagen erfolgen kann.
Die Staubsäcke befinden sich am besten direkt
neben den Hochöfen, um möglichst kurze Rohrleitungen zu bekommen.
Das Einspritzen von Wasser in den Staubsack ist nicht ratsam, da das
Gas noch sehr heiß ist, bei der Berührung mit Wasser viel Wasserdampf
aufnimmt, feucht wird und die nachfolgenden Rohrleitungen ver-
schmiert und verstopft. Man sollte darauf achten, daß die Temperatur
des immer noch sehr staubhaltigen Gases vor dem Kühler auch im
Winter nicht unter den Taupunkt sinkt, um so einer Kondensation des
Wasserdampfes im Gase an den Rohrleitungswänden vorzubeugen und
Verstopfungen zu verhüten. Der Vorteil der größeren Staubabscheidung
im Staubsack bei Einspritzung von Wasser ist bei der Naßreinigung
hinfällig, da man dasselbe ebensogut in dem Kühler erreichen kann ohne
weitere Mehrarbeit.

Die hie und da noch angewandten Steig- und Fallrohre von 2 und 3 m
Durchmesser und 15—25 m Höhe (sog. Pfeifen) haben bei weitem nicht
die Wirkung wie ein einziger großer Staubsack. Die Staubabscheidung
ist im Staubsack eine viel bessere, und die Kosten sind auch nicht höher
als die der Pfeifen.

Sind mehrere Hochöfen vorhanden, so wird das Gas am besten
nach dem Austritt aus den Staubsäcken in einer Sammelleitung vereinigt

und erst dann den Kühlern und Reinigern zugeführt, wodurch die sehr bedeutenden Schwankungen der Gasmenge der einzelnen Öfen teilweise ausgeglichen werden, und die Gasreinigungsanlage gleichmäßiger arbeitet.

Als Absperrorgan in den Leitungen werden sowohl Schieber wie Ventile verwendet. Die Schieber haben den Nachteil, daß sie entweder nicht gut dichten, oder sehr schwer zu öffnen und zu schließen sind, dagegen lassen sie sich besser in die Anordnung der Rohrleitung einfügen. Bei den Ventilen bereitet die Abdichtung ebenfalls gewisse Schwierigkeiten. Die Abdichtung durch trockenen Gichtstaub ist nicht immer betriebssicher genug, und die Wasserabdichtungen verschlammen ebenfalls meist nach kurzer Zeit. Die Firma Zschocke-Werke A.-G., Kaiserslautern, hat eine Konstruktion ausgeführt, in der die Abdichtung ebenfalls durch Wasser erfolgt, dieses aber stetig erneuert wird, so daß ein Verschlammen verhindert wird.

Die an die Staubsäcke anschließenden Leitungen werden meist auch sehr weit gehalten, um in denselben noch eine Staubausscheidung zu erreichen. Am besten werden dieselben horizontal geführt, da Zickzackleitungen, steigend und fallend, den Nachteil besitzen, daß an jeder Ecke eine Wirbelung des Gases stattfindet, die wieder eine Durchmischung des Staubes mit dem Gas hervorruft. Die horizontalen Rohre erhalten birnenförmigen Querschnitt mit Zitzenrohren, unterfahrbar, zum Zweck der Staubentfernung.

Bei Verhüttung von phosphor-, zink- und bleihaltigen Erzen enthält der Staub aus den Staubsäcken weniger Phosphor, Zink und Blei als aus der nachfolgenden Reinigung (vgl. Zahlentafel 18)[1]. Dies ist sehr wichtig für die Wiederverhüttung des Staubes als Brikett, wegen der Art des zu erblasenden Eisens und wegen der Störungen, die bei Verhüttung von zinkhaltigem Möller auftreten können.

Zahlentafel 18. Gichtstaubanalysen.

	P %	Zn %	Pb %
Staubsack	0,64	0,5	0,92
Naßreiniger	1,077	2,82	5,44

II. Die Naßreinigung.

1. Allgemeines.

Bei dem Naßreinigungsverfahren erfolgt meistens die Reinigung des Gichtgases in zwei Stufen. In der ersten werden die Gase bis auf etwa 0,1—0,5 g/m³ Staub gereinigt und zugleich intensiv gekühlt. Mit Gas von diesem Reinheitsgrade wurden früher und werden zum Teil auch noch heute die Cowper und Kessel geheizt. In neuester Zeit verwendet man aber auch in vielen Werken für Heizzwecke nur feingereinigtes Gas, da es vor dem vorgereinigten sehr viele Vorteile besitzt.

---

[1] Stahleisen 1922, S. 290.

Die zweite Stufe, die sogenannte Feinreinigung, reinigt das Gas in den eigentlichen Gasreinigungsapparaten auf etwa 0,01—0,03 g/m³, und dieses Gas kann dann auch für den Betrieb der Gasmaschinen verwertet werden.

Der Staubgehalt von 0,02 g/m³ wirkt auf die Gasmaschinen nicht mehr störend, wenn das Gas trocken, d. h. gut gekühlt ist. Feuchtes Gas mit diesem Staubgehalt gibt dagegen Anlaß zu Störungen. Zum Trocknen des Gases benutzt man Wasserabscheider, die hinter den Gasreinigungsapparaten aufgestellt sind, und zwar sind diese viel billiger und besser als Filteranlagen, die sehr leicht zu Betriebsstörungen führen.

Wenn für ein Hüttenwerk eine neue Gichtgasreinigungsanlage zu bauen ist, und es wird eine solche mit Naßreinigung vorgezogen, so ist die Wahl des Systems derselben nicht ganz einfach. Nicht immer ist derjenige Apparat am vorteilhaftesten, der das Gas am besten reinigt, sondern es sind folgende Punkte zu beachten:

1. Der Anschaffungspreis für die Gesamtanlage, einschl. Klärbecken und der benötigten Reserve.

2. Der Aufwand an Betriebskraft.

3. Die Reinigungs-, Bedienungs- und Reparaturkosten.

4. Die Einfachheit, Betriebssicherheit und Lebensdauer der Anlage.

5. Die genaue Regulierbarkeit, leichte Übersichtlichkeit und bequeme Bedienung.

Die letzten drei Punkte sind besonders zu beachten, da es oft besser ist, etwas mehr Kraft und Wasser zu benötigen und ein etwas gröberes Gas zu erhalten, als eine empfindliche Anlage aufzustellen, die bei den geringsten Betriebsunregelmäßigkeiten versagt und lange Stillstände ganzer Betriebsabteilungen zur Folge hat.

Die Wasserfrage spielt natürlich bei der Wahl des Systems auch eine große Rolle, da der Wasserverbrauch der einzelnen Apparate sehr verschieden ist. Wenn bei den Naßreinigern das Waschwasser nicht immer tadellos geklärt wird, so wird die Reinigung des Gases schlechter, d. h. der Staubgehalt des gereinigten Gases steigt. Am besten ist es, wenn stets klares, frisches Wasser zur Reinigung verwendet wird, jedoch ist dieses in vielen Fällen wegen Wassermangels unmöglich.

Die in Deutschland im Betrieb befindlichen Gasreinigungsanlagen weichen den örtlichen Verhältnissen und den verschiedenen Systemen entsprechend in ihrer Gesamtanordnung sehr voneinander ab; im allgemeinen stimmen sie aber in folgendem Aufbau überein: Das Gichtgas kommt vom Hochofen, durchströmt die· Staubsäcke, wird dann gekühlt und vorgereinigt und schließlich fein gereinigt und erforderlichenfalls noch getrocknet. Als die Reinigung der Gichtgase aufkam, glaubte man, das Gas in den statischen Kühlern bis auf den gewünschten Reinheitsgrad reinigen zu können, was jedoch nicht zutraf. Im Laufe der Jahre haben sich dann verschiedene Systeme der Gasreinigung ausgebildet. Das Schaubild in Abb .10 [1] zeigt, wie die in Deutschland ge-

---

[1] Vortrag von Obering. C. Grosse, Metz 1910.

reinigte Gichtgasmenge im Jahre 1910 vor dem Aufkommen der Trockengasreinigung, System Halbergerhütte-Beth und des Theisen-Desintegrators sich auf die verschiedenen Systeme verteilte. Man sieht daraus, daß damals ein sehr beträchtlicher Teil des Gichtgases noch ungereinigt verbrannt wurde. Wenn ein größerer Gasometer zwischen die Reinigungsanlage und die Gasmaschinen eingeschaltet wird, so wirkt dieser neben seiner Eigenschaft als Druckregler auch vorzüglich als Wasserabscheider; er macht die vorherige Trocknung des gereinigten Gases nach dem Verlassen der Naßreinigung mittels Holzwolle, Eisenspänen, Sägmehl und derartigen Filtersubstanzen, die wieder viel Kosten an Wartung und Kraft benötigen, überflüssig.

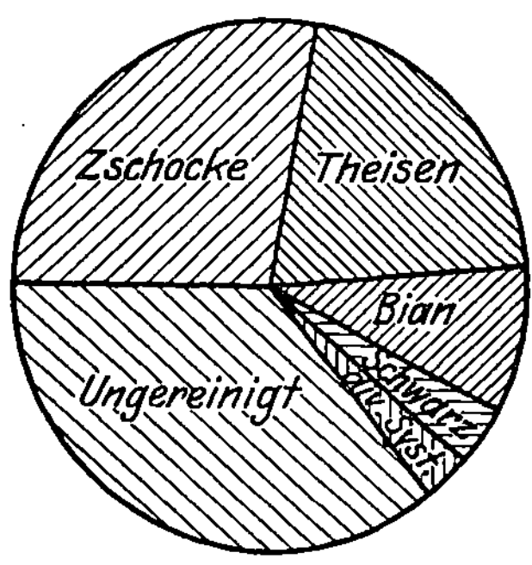

Abb. 10. Schaubild der Verteilung der verschiedenen Gichtgasreinigungs-Systeme im Jahre 1910.

2. Die Kühler.

Die Kühlung der Gichtgase ist eine gewisse unangenehme Beigabe zu den Gichtgasreinigungsanlagen. Man braucht hierzu große Mengen Kühlwasser, das geklärt und rückgekühlt werden muß, also große Klär-, Rückkühl- und Pumpenanlagen. Man würde deshalb unter Umständen auf eine intensive Kühlung der Gichtgase als solche gerne verzichten, wenn sie für die Reinigung derselben auf nassem Wege vermeidbar wäre. Bringt man das heiße Gas zwecks seiner Reinigung mit Wasser in Berührung, so nimmt es so viel Wasserdampf auf, bis es gesättigt ist. Bei 100° C kann 1 m³ Gas 600 g Wasserdampf aufnehmen, bei 120° C bereits 1130 g, bei 160° C schon 3290 g und bei 200° C sogar 7819 g. Derartig feuchte Gase scheiden für den praktischen Gebrauch aus. Man ist daher gezwungen, die Kühlung der Gase so weit durchzuführen, daß nur ein bestimmter, für den Gebrauch zulässiger Feuchtigkeitsgehalt vorhanden ist. Das Streben geht vor allen Dingen dahin, die Gase bereits intensiv zu kühlen, bevor sie die eigentliche Naßreinigung durchströmen. Die Gaskühler lassen sich ohne weiteres sehr gut als grobe nasse Vorreinigungsapparate verwenden; sie werden in der Praxis als „Wascher" bezeichnet.

Die intensive Kühlung des Gases suchte man anfangs dadurch zu erreichen, daß man es mit kleiner Geschwindigkeit durch Behälter mit großer luftberührter Oberfläche strömen ließ; sie wurden von obenher mit feinverteiltem Wasser berieselt. Hierfür waren indes, sollte die Kühlung befriedigend sein, große Räume und Wassermengen nötig. Das Gas strömt bei dem vorhandenen großen Querschnitt nicht gleichmäßig, es bilden sich tote Ecken, welche verhindern, daß das Gas mit dem Wasser gleichmäßig in Berührung kommt. Das Wasser fällt zu schnell durch den Apparat, so daß die Zeit der Berührung mit dem Gas eine zu kurze ist.

Das Prinzip der neueren Kühler zum Waschen von Gichtgas in ununterbrochenem Betrieb beruht darauf, daß das Gas in möglichst innige Berührung mit der Waschflüssigkeit gebracht wird. Je länger und vollständiger die Berührung jedes Gasteilchens mit der Flüssigkeit erfolgt, um so besser und vollkommener wird das Gas gereinigt und gekühlt, und um so mehr der auszuwaschenden Bestandteile werden an die Flüssigkeit abgegeben. In fast allen Fällen ist mit dem Waschprozeß auch eine Kühlung des Gases verbunden, und Kühlung und Entstaubung desselben gehen so eng Hand in Hand, daß die Entstaubung um so vollkommener sein wird, je intensiver die Kühlung erfolgt.

Die ältesten Gasreiniger, die sogenannten Skrubber, stellen die einfachste aber auch unvollkommenste Lösung des behandelten Prinzips dar. Man stellte fest, daß das Gas im Skrubber sehr ungleichmäßig gereinigt wurde, trotzdem man zu immer größeren Dimensionen überging; ferner daß die Berührung zwischen Gas und Flüssigkeit durchaus nicht so vollkommen war, wie man anfangs erwartet hatte. Daher versieht man heute die Kühler in den meisten Fällen mit sogenannten Horden, welche das Wasser in seinem Fall aufhalten, die Berührungszeit mit dem Gase verlängern und den Gasstrom in feine Streifen teilen. Man suchte ferner die Kühlwirkung zu erhöhen, indem man in verschiedenen Höhen eine Wassereinspritzung anordnete; jedoch auch hiermit wurde nicht der gewünschte Reinheitsgrad erzielt.

Diese Erkenntnisse gaben die Veranlassung, zur Anwendung rotierender Wascher überzugehen. Bei den modernen Anlagen für Gichtgasreinigung wird das Gas in den Hordenwaschern nur vorgewaschen und dabei von der Hälfte des Staubgehaltes befreit, während die Hauptreinigung den rotierenden Waschern überlassen wird. Der Grund für die unvollkommene Wirkung der Hordenwascher liegt darin, daß sie in physikalischer Beziehung an einem Fehler leiden. Man hat wohl versucht, eine recht gleichmäßige Verteilung des Wassers im Skrubber herbeizuführen, hat aber auf gleichmäßige Gasverteilung keine Rücksicht genommen, und diese ist nicht nur ebenso wichtig, sondern erheblich wertvoller für das richtige Funktionieren eines solchen Apparates. Das in den Skrubber unten eingeführte Gas wird als solches während des Waschprozesses spezifisch schwerer, nicht nur infolge der Abkühlung, sondern auch infolge Abgabe des spezifisch leichteren Wasserdampfes, es steigt deshalb nicht gleichmäßig über dem ganzen Querschnitt des Skrubbers verteilt aufwärts.

Durch die in den Unterkanten der Hordenstäbe eingeschnittenen Tropfnasen ist eine gleichmäßige Wasserverteilung auf dem ganzen Wege des Wassers durch den Kühler gesichert. Die Hordenstäbe werden allseitig gehobelt und alle Kanten abgerundet, damit Staubansätze vermieden werden. Die Stabentfernungen nehmen, um Verstopfungen zu verhindern, den Staubverhältnissen entsprechend von unten nach oben ab. Die Stabrichtung der einzelnen Hordenlagen wird in jeder Lage um einen gewissen Winkel gegen die tieferliegende verdreht, so daß zwischen je zwei Hordenlagen eine Neuverteilung des Gasstromes erfolgen muß.

Es ist manchmal eingewendet worden, daß durch die heißen, in den Kühler eintretenden Gichtgase die hölzernen Horden gefährdet seien; das ist jedoch nicht der Fall, da beim Zusammentreffen des heißen Gases mit dem Kühlwasser sofort eine starke Sättigung des Gases mit Wasserdampf erfolgt. Die Temperatur des Gases geht sehr plötzlich auf den Taupunkt herunter, indem die Eigenwärme des Gases zur Verdampfung des Wassers benutzt wird.

Die Berieselung der Hordeneinbauten geschieht in verschiedener Weise. Eine sehr gute und verbreitete Vorrichtung ist der sog. Tropfapparat von Zschocke.

Der Eintritt des Gases erfolgt stets unten an dem Kühler und der Austritt oben an der Seite oder zentral. Die Größe der Kühler beträgt je nach der Temperatur der eintretenden Gase etwa 0,6—1,0% der stündlich zu reinigenden Gasmenge. Die Grenze der Kühlung des Gases, die so weit wie möglich gehen soll, ist durch die Temperatur des zur Verfügung stehenden Kühl-

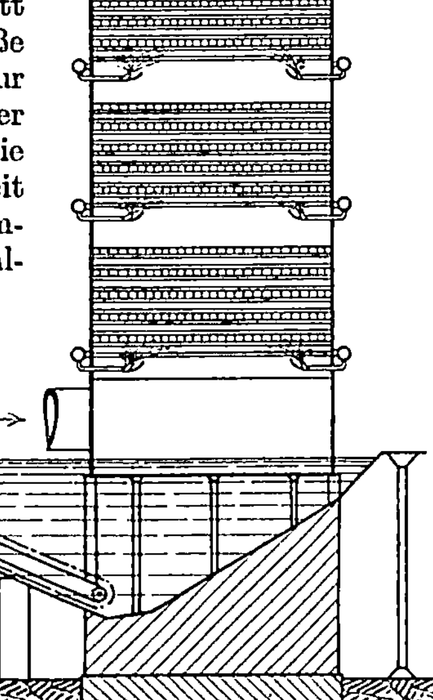

Abb. 11. Waschanlage für Hochofengase (Louis Schwarz & Co., Dortmund).

wassers und durch die Durchsatzmenge gegeben. Da das reine Gegenstromprinzip im vorliegenden Fall den günstigsten Wirkungsgrad ergibt, so arbeiten die meisten Kühler nach diesem Prinzip. So kommt stets das am meisten abgekühlte Gas mit dem kältesten Wasser und das heißeste Gas mit dem heißesten Wasser in Berührung.

Die zum Abkühlen der Gichtgase erforderliche Kühlwassermenge läßt sich nach folgenden Voraussetzungen berechnen: bei richtig bemessenen Kühlern kann das Gas bis auf 3—5° über Kühlwassertemperatur heruntergekühlt und das Kühlwasser auf 10° unter den Taupunkt des Gases erwärmt werden. Es ist also zu bestimmen, welche Eigenwärme des Gases durch das Kühlwasser abgeführt, und welche Wärmemenge dem im Gas enthaltenen Wasserdampf entzogen werden muß, um denselben zur Kondensation zu bringen. Die Ausstrahlung des Kühlers nach außen kann dabei vernachlässigt, bzw. als Sicherheits-

faktor in die Rechnung eingesetzt werden. Der Wasserbedarf des
Kühlers richtet sich also nach der Menge, der Temperatur und dem
Wasserdampfgehalt des Gases und nach der Temperatur des Kühler-
wassers, das zur Verfügung steht.

Die Kühler bestehen meist aus zylindrischen Blechmänteln, welche
den Hordeneinbau aufnehmen. Auf den Deckeln befinden sich die Be-
rieselungsvorrichtungen; an dem Mantel werden eine Reihe von Explosionsklappen angebracht und die Deckel durch Steigleitern zugängig
gemacht. Der Abfluß des Wassers aus den Kühlern erfolgt in verschiedener Weise. Bei den älteren Konstruktionen taucht der Mantel in
offene Wassertassen ein, und das Schlammwasser fließt durch einen
Überfall ab. Der Nachteil dieser Art liegt darin, daß die Wassertassen
bald verschlammen und der Schlamm durch Arbeiter entfernt werden
muß. Abb. 11[1] zeigt einen Kühler von der Firma L. Schwarz & Co.,
Dortmund für 45000 m³ Gas pro Stunde, bei dem die Schlammentfernung automatisch mittels Becherwerkes erfolgt. Der Schlamm wird
direkt in Waggons geschüttet.

Die Firma Zschocke-Werke, A.-G., Kaiserslautern hat ebenfalls
eine automatische Entfernung des Schlammes aus solchen Tassen geliefert. Diese Einrichtung besteht aus einem System von vielen Röhren,
die in die Tassen eingebaut sind und durch die Druckwasser strömt, das
den Schlamm nach dem Schlammüberlauf zu transportiert. Es genügt,
diese Vorrichtung zweimal täglich eine halbe Stunde in Betrieb zu
setzen, um die Tassen dauernd sauber zu halten. Neuerdings werden
die Kühler unten trichterförmig geschlossen und das Schlammwasser
fließt durch ein Syphonrohr mit unterer Klappe ab. Die Klappe wird
im allgemeinen durch ein Gegengewicht geschlossen gehalten. Sollte
das Syphonrohr sich verstopfen, so steigt das Wasser in dem trichterförmigen Boden des Kühlers, bis der Druck so groß ist, daß sich die
Klappe öffnet und das Schlammwasser nach unten abfließt, wobei eine
automatische Spülung des Syphonrohrs erfolgt. Die Kühler reinigen
das Gichtgas im wesentlichen von demjenigen Teil des Staubes, der
leicht Wasser aufnimmt. Die Staubausscheidung in den Kühlern beträgt etwa 50—60%[1]). Derjenige Staub, der nicht in den Kühlern ausgeschieden wird, wird intensiv befeuchtet, so daß die Ausscheidung bei
der nachfolgenden Naßreinigung in dynamischen Reinigern leichter
von statten geht.

Eine Verstopfung der Horden ist bei sachgemäßen Abmessungen
derselben nicht zu befürchten, nur bei sehr hohen Kalksteinzusätzen im
Hochofen kann es vorkommen, daß sich an manchen Horden Krusten
bilden, besonders wenn das Kühlwasser geklärt und immer wieder im
Kreislauf verwendet wird, da es sich in diesem Falle stark mit Kalk an-
reichert. Der Kalk setzt sich an allen Teilen ab, mit denen das Wasser
in Berührung kommt, auch an den dynamischen Reinigern, Pumpen,
Kühlwerken usw. Dem Kalkabsatz kann man nur dadurch begegnen,
daß man die kalkhaltigen Bestandteile in bekannter Weise ausfällt.

---

[1] Vortrag von Obering. C. Grosse, Metz 1910.

Ein Vorteil des Trockenreinigungsverfahren der Halbergerhütte besteht in bezug auf die Kühlung darin, daß die eigentliche intensive Kühlung des Gases erst nach der Trockenreinigung erfolgt; dieses Kühlwasser verschlammt also nicht mehr mit Staub und braucht deshalb nicht mehr geklärt zu werden, es wird nur rückgekühlt, um sofort wieder verwendet werden zu können.

Die bisher besprochenen Kühler waren alles statische Kühler. [Es gibt aber auch bewegte Kühler, und zwar bei den Gasreinigungsanlagen nach dem System Bian. Dieselben bestehen aus einem Behälter, in welchem Scheiben aus Drahtgewebe rotieren (siehe Abb. 20). Die Scheiben tauchen unten in ein Wasserbad, und das Gas muß durch diese Scheiben hindurchstreichen und kühlt sich dabei ab. Die in diesen rotierenden Kühlern erzeugte Abkühlung erreicht jedoch nicht diejenige in den statischen Apparaten, da es aus praktischen Gründen nicht möglich ist, bewegte Kühler mit solch großem Volumen zu bauen, wie statische Apparate. Die oben angeführten Schwierigkeiten, die beim Bau von statischen Kühlern auftreten, will der Gaswascher Patent Dr. Kubierschky[1] überwinden. Der Gaswascher ist aus langjährigen Erfahrungen hervorgegangen und ist dadurch ausgezeichnet, daß das Gas sehr intensiv mit dem Wasser in Berührung kommt und somit sehr gut gekühlt wird. Der in Abb. 12[2] schematisch dargestellte Wascher hat die äußere Form eines gewöhnlichen Skrubbers und wird wie dieser von der Waschflüssigkeit durchrieselt. Er ist jedoch durch wagrechte Scheidewände, die wohl die Flüssigkeit, aber nicht dem Gase den Durchtritt gestatten, in eine Anzahl Kammern geteilt. Das Gas wird in die unterste Kammer eingeführt und hier gekühlt, dann tritt es durch den seitlichen, nicht berieselten Kanal in die nächsthöhere zweite Kammer, wo es nochmals, aber durch kälteres Wasser, gekühlt wird. So wiederholt sich derselbe Vorgang bis zur letzten Kammer, wobei stets das Gas in jeder folgenden Kammer mit kälterem Wasser in Berührung kommt. Dabei ist das frisch zuströmende Gas stets das heißeste und leichteste in jeder Kammer, weil es aus einer wärmeren Zone des Apparates kommt. Es breitet sich deshalb von selbst über den ganzen Querschnitt der Kammer aus, und die Arbeitsweise des Waschers ist eine absolut ruhige und stetige. Der Wascher ist mit Gichtgas ganz ausgefüllt; das Gas wird oben abgesaugt und muß zwangsläufig dieser

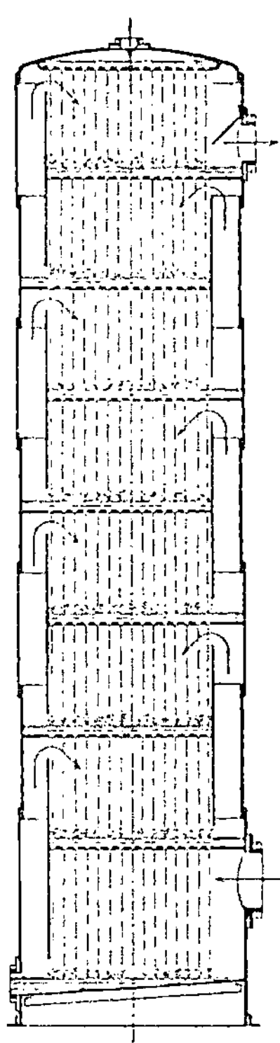

Abb. 12. Gaswascher nach Dr. Kubierschky.

---

[1] Der praktische Maschinenkonstrukteur. Uhlands Techn. Rundschau 1913, S. 51/53.
[2] Stahleisen 1910, S. 1476.

Bewegungsrichtung folgen, in dem Maße wie der Apparat gebaut ist. Kein Gasteilchen kann den Apparat verlassen, das nicht wie alle andern genau denselben Weg durch sämtliche Kammern zurückgelegt hat.

Die Temperatur des Kühlwassers nimmt ganz gleichmäßig von Kammer zu Kammer von unten nach oben ab, und das aufsteigende Gas wird daher stufenweise bis annähernd auf die Eintrittstemperatur des Wassers abgekühlt. Um die Fallgeschwindigkeit des Wassers zu vermindern und eine gute Verteilung desselben zu bewirken, können in den einzelnen Kammern noch besondere Berieselungshorden eingebaut werden. Die Kubierschkysche Konstruktion stellt daher einen Wascher mit offen verbundenen Kammern dar, bei dem sich ohne Nachteil, insbesondere ohne Absperrungen, die Druckverluste bedingen, oben ein viel schwereres Gas befinden kann als unten, und hierauf beruht die Überlegenheit dieses Prinzips gegenüber dem der gewöhnlichen Skrubber.

Für die einfache Kühlung von Gasen, die stets mit einer Zunahme des spezifischen Gewichts verbunden ist, ist der Apparat nach Abb. 12 ohne weiteres anwendbar und hat sich auch sehr gut bewährt. Insbesondere bei der Gichtgasreinigung ist jedoch außer dem Kühlen des Gases noch das Auswaschen des Gichtstaubes zu beachten, und hierbei können leicht Verstopfungen durch den sich absetzenden Schlamm eintreten. Die in Abb. 13 dargestellte Kubierschkysche Konstruktion vermeidet diesen Übelstand dadurch, daß die Flüssigkeitsverschlüsse auf den einzelnen Zwischenböden nicht durch einfache Siebe, sondern durch besondere Verschlußteller (Abb. 14) gebildet werden, die das

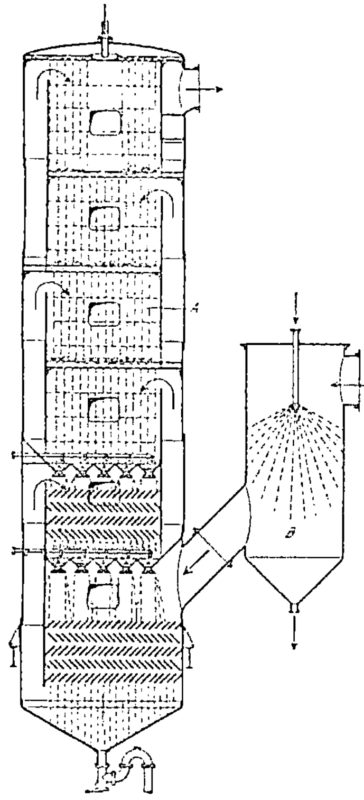

Abb. 13. Gichtgasreiniger nach Kubierschky.

Waschwasser mit verhältnismäßig großer Geschwindigkeit passieren muß. Auch entsteht bei beginnender Verstopfung sofort ein höherer Flüssigkeitsdruck, der die Öffnung stets wieder frei spült. Zur Sicherheit wird außerdem über den Verschlußtellern noch eine Spritzleitung angeordnet, die ein zeitweiliges Abspritzen der Teller ermöglicht. Auch der Berieselungseinbau der unteren Kammern ist so konstruiert, daß nirgends ebene Flächen zum Ansetzen des Schlammes vorhanden sind. In den oberen Kammern ist bei diesem System der grobe Staub fast vollständig ausgeschieden, so daß es sich hier nur um eine weitere Kühlung des Gases handelt, und deshalb können in diesen Kammern unbedenklich gewöhnliche Siebböden und Tropfroste verwendet werden.

Bekanntlich ist der Gichtschlamm ziemlich harmlos, wenn er unter genügender Vermischung mit Wasser in fließender Bewegung erhalten wird. Dagegen hat man stets an den Eintrittsstellen des Skrubbers, sogar an senkrechten Wänden, das Anbauen von Schlammkrusten beobachtet, die schnell wachsen, sehr hart werden und später nur schwer zu beseitigen sind. Diese rühren daher, daß die den Gichtstaub aufnehmenden Wassertropfen, sobald sie auf eine heiße Wand treffen, in dem trockenen Gasstrom sofort verdampfen und den Staub natürlich als Kruste zurücklassen. Dieser Übelstand ist hier verhindert, indem dem eigentlichen Wascher A (Abb. 13) ein Sättiger B vorgeschaltet ist, in dem durch eine Streudüse Wasser in den Gasstrom eingespritzt wird. Hierbei wird das Gas so weit abgekühlt, daß die dem Kubikmeter Gas entzogene Wärme ausreicht, um aus dem eingespritzten Wasser den zur Sättigung von 1 m³ Gas erforderlichen Wasserdampf zu erzeugen. Die Wände des zylindrischen Sättigers werden mit Wasser berieselt, um ausgefällte Staubteile fortzuspülen. Das jetzt in den Wascher A eintretende Gas ist nicht mehr überhitzt, sondern mit Wasserdampf gesättigt. Ein Verdampfen des Schlammwassers ist nicht mehr möglich, und die Krustenbildungen hören von selbst auf.

Zum Einspritzen in den Sättiger B kann geklärtes, warmes Wasser vom Wascher A benutzt werden; der Wascher A wird dagegen mit kaltem Wasser beschickt, und der von dem Gas in B aufgenommene Wasserdampf wird hier fast vollständig

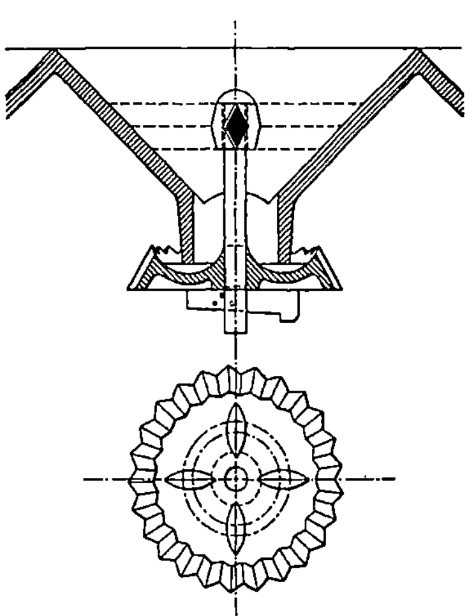

Abb. 14. Flüssigkeitsverschlußteller.

wieder kondensiert. Die Kühlung der Gase erfolgt annähernd auf die Eintrittstemperatur des Kühlwassers. Ein besonderer Vorteil des Wassers ist, daß er das Gas zugleich gut vorreinigt, und daß der Durchtritt des Gases fast ohne Druckverlust vor sich geht. Der Widerstand beträgt nur wenige Millimeter W.-S. Die oberste Kammer kann als Wasserabscheider ausgebildet werden, damit ein Mitreißen von Flüssigkeitsteilchen nicht stattfindet, wozu auch die sehr ruhige Arbeitsweise des Apparates keinen Anlaß gibt.

Eine gute und bewährte Ausführung von Kühlern ist die von Zschocke. Die Hordenwascher sind schmiedeeiserne, meistens zylindrische Behälter, welche mit Horden nach dem Original Zschocke armiert sind. Die Horden sind, um eine gute und sichere Wasserverteilung zu gewährleisten, mit Tropfnasen zu versehen, die sich sehr gut bewährt haben. Die lichte Weite der Horden, d. h. der Zwischenraum zwischen zwei Hordenstäben, wird der Beschaffenheit des zu waschenden Gases entsprechend bestimmt. Die Tropfapparate sind durch

Rohrleitungen zu einem System verbunden und verteilen das Wasser sehr fein. Sie befinden sich auf dem Deckel des Waschers. Ein Vorzug der Zschocke-Kühler ist die intensive Kühlung der Gase; die Kühler sind sehr reichlich bemessen. Die Höhe derselben beträgt je nach der Beschaffenheit des Gases bis zu 22 m und mehr. Staubansätze am Eintrittsstutzen des Kühlers sind leicht zu beseitigen und in den meisten Fällen durch eine schräge Zuleitung und richtig angebrachte Berieselung vollkommen zu vermeiden. Verschlammen der Horden in den Kühlern ist nicht zu befürchten, wenn der Einbau stufenförmig erfolgt und infolge Wassermangels der Kühler nicht allzu oft trocken geht. Die Vorteile der Zschocke-Kühler sind: einfache, übersichtliche, stabile und betriebssichere Konstruktion; große Absorptions- bzw. Waschflächen bei kleiner Grundfläche; sehr geringer Druckverlust; gleichmäßige, dauernd gesicherte Wasserverteilung durch die Tropfnasen; weitgehende Zerlegung des zu reinigenden Gasvolumens in dünne Schichten und gute Konzentration der Waschflüssigkeit.

3. Die Gasreiniger.

a) Der Gasreiniger von Zschocke.

Die Verbreitung dieses Systems liegt in der großen Einfachheit und Übersichtlichkeit der einzelnen Apparate, welche eine hohe Betriebssicherheit besitzen und einen guten Reinheitsgrad gewährleisten. Empfindliche Betriebsstörungen oder umfangreiche Reparaturen kommen kaum vor. Nachdem das Gas die Staubsäcke und Kühler durchströmt hat, tritt es in die Gasreinigungsventilatoren System Zschocke, in denen es mit eingespritztem Wasser zentrifugiert wird. Das Gas wird durch den Wasserschleier, den die Zerstäuberdüsen bilden, hindurchgesaugt; dabei mischt es sich innig mit dem Wasser. Hierauf wird es von dem Flügelrad erfaßt und zentrifugiert. Das Gas- und Wassergemisch tritt hernach in den Wasserabscheider tangential ein, hierdurch wird ihm eine rotierende Bewegung erteilt, und die noch mitgerissenen Wasserteilchen werden ausgeschieden. In den oberen Teil des Wasserabscheiders sind noch Stoßhorden eingebaut, die die feinsten Wasserteilchen zurückhalten. Das Wasser fließt aus dem Wasserabscheider durch ein Syphonrohr ab, ähnlich demjenigen der Kühler. Die Reinigung des Gases in den Zschocke-Ventilatoren geschieht bis auf 0,1 bis 0,5 g/m³; will man es noch weiter reinigen, um es für den Gasmaschinenbetrieb verwenden zu können, so läßt man das vorgereinigte Gas nochmals durch einen zweiten Ventilator von gleicher Bauart und Wirkungsweise wie der erste hindurchströmen. Das Gas ist nach Verlassen des zweiten Wasserabscheiders bis auf 0,01—0,03 g/m³ Staub gereinigt. In dem Vorreinigungsventilator werden etwa 1—1,2 l pro Kubikmeter, in dem Feinreinigungsventilator etwa 2 l Wasser pro Kubikmeter Gas benötigt, je nach der Beschaffenheit des im Gas enthaltenen Staubes. Der Kraftverbrauch schwankt entsprechend der eingespritzten Wassermenge zwischen 2,5 und 3,5 PS/1000 m³ gereinigtes Gas bei der Vorreinigung und 5—6 PS/1000 m³ bei der Feinreinigung. Durch die intensive Spülung im Schaufelrad bleiben die bewegten Teile stets sauber; eine Reinigung der Ventilatoren ist nur selten notwendig.

Später wurden diese Wasserzerstäuber durch Sterndesintegratoren ersetzt, um einesteils die Verstopfung der Wasserzerstäuber zu vermeiden und andererseits eine Verbesserung der Reinigung herbeizuführen. In neuerer Zeit ist man mehr oder weniger von diesem System abgekommen und dazu übergegangen, entgegengesetzt zu den Ventilatoren sogenannte Desintegratoren zu verwenden. Ihre Wirkung beruht darauf, daß das Gas- und Wassergemisch durch ein horizontales Schlagsystem äußerst fein gemischt und zerschlagen wird, wodurch eine intensive Reinigung bei geringerem Kraft- und Wasserverbrauch bewirkt wird. Das Schlagsystem bei den Desintegratoren (Patent Zschocke) ist nach der Seite herausziehbar angeordnet, um dasselbe kontrollieren und reinigen zu können, was von seiten der Betriebsleitung als sehr vorteilhaft empfunden wird. Bei einer Gasreinigungsanlage[1] für eine Leistung von 160000 m³/Stde., wovon 120000 m³ für Heizzwecke und 40000 m³ für die Gasmaschinen bestimmt waren, wurde das Gas, das mit 200° C in die Anlage einströmte und 10 g/m³ Staub hatte, auf 0,1—0,3 g/m³ vorgereinigt und auf 0,015—0,02 g/m³ feingereinigt.

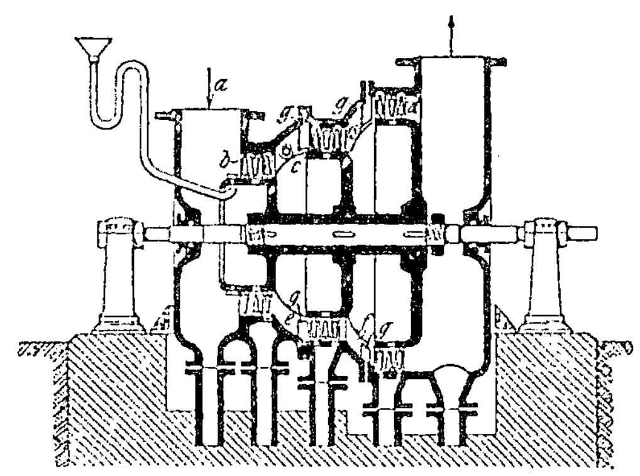
Abb. 15. Gasreiniger von Zschocke.

Es waren dazu vorgesehen: zwei Standrohre zur Abkühlung des Gases von 200° C auf den Taupunkt, zwei Hordenwascher und fünf Desintegratoren, wovon drei für die Vorreinigung gemeinsam arbeiteten, einer für die Feinreinigung der 40000 m³ Gas verwendet wurde und einer als Reserve für die Vor- oder Nachreinigung bestimmt war. Der Kraftverbrauch betrug bei diesen Desintegratoren im Durchschnitt 5 bis 6 PS/1000 m³ Gas und der Wasserbrauch 0,75 l/m³.

Bei Anlagen, welche Gas von geringerem Staubgehalt zu reinigen haben, kann statt der hintereinander geschalteten Apparate zur Feinreinigung ein einziger genügen, jedoch ist dies nur von Fall zu Fall möglich, da hierbei die örtlichen Verhältnisse bei der Auswaschung des Staubes eine außerordentlich große Rolle spielen. Beispielsweise wird man im Ruhrgebiet bei vorgeschalteten Kühlern und Staubsäcken mit einem einzigen Apparat auskommen, während man im Minettegebiet stets zur Erreichung desselben Reinheitsgrades zwei hintereinander geschaltete Desintegratoren benötigt.

---

[1] Anlage der Zschocke-Werke auf der Société Anonyme d'Ougrée-Marihaye-Rodange.

Abb. 15 zeigt eine andere Konstruktion von Gasreinigern der Zschocke-Werke. Das bei *a* eintretende unreine Gas wird in mehreren aufeinander folgenden Stufen durch im Umlauf befindliche Schlagstäbe *b*, *c* und *d* einer von Stufe zu Stufe verstärkten Schlagwirkung unterzogen, dabei aber zwischen je zwei Schlagstäben in Sammelräumen *e* und *f* derart zugeleitet, daß seine Geschwindigkeit verringert und vor allem seine kreisende Bewegung vernichtet wird, was am besten durch feste Leitflächen *g* bewirkt wird. Zwecks Erreichung einer vermehrten Schlagwirkung nehmen die Desintegratoren von Stufe zu Stufe an Durchmesser zu.

Die Wirkungsweise dieses Desintegrators ist eine gute, die Konstruktion ist noch verhältnismäßig sehr neu, so daß noch keine Versuchsergebnisse veröffentlicht worden sind.

b) Die Gasreiniger von Theisen.

Die Gasreiniger von Theisen waren die ersten mechanischen Apparate, in denen die Gichtgase für Gasmaschinen hochgradig gereinigt werden konnten[1]. Durch das Theisensche Zentrifugalgasreinigungsverfahren war es erst möglich, für die gewaltigen Gasmengen der Hochöfen praktisch brauchbare Reiniger mit geringen Abmessungen zu bauen. Die ersten Theisenwascher waren Apparate mit um eine senkrechte Achse laufenden Flügeltrommeln (Abb. 16), die bereits im Jahre 1898/99 für Gichtgas im Betrieb waren. Zur Reinigung größerer Gasmengen war diese Anordnung jedoch nicht geeignet, weshalb die Bauart mit wagrechter Achse (Abb. 17) gewählt wurde, die sich gut gewährte.

Bei dem Verfahren von Theisen werden Gas- und Waschflüssigkeit durch die Zentrifugalkraft in innige Berührung unter Druck und gegenseitiger Verschiebung gebracht. Dies erfolgt in der Weise, daß die Waschflüssigkeit an der Innenseite eines Kegel- oder Zylindermantels entlang

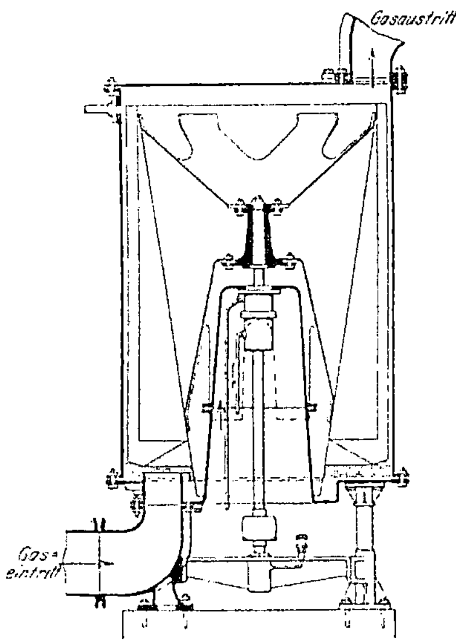

Abb. 16. Erster Theisen-Wascher mit senkrechter Achse.

in dünner Schicht gleitet und das zu reinigende Gas in Form eines zentrifugierten Stromes unter Druck auf und in die zwangsweise geführte Waschflüssigkeit gepreßt wird. Die Bewegung des zentrifugierten Gasstromes erfolgt schraubenförmig im vorteilhaften Gegenstrom zu der ebenfalls in Schraubenlinien bewegten Waschflüssigkeit, wodurch der beste Gasreinigungseffekt erzielt wird. Die Bauart und Arbeitsweise des in Abb. 17 dargestellten Zentrifugal-Gegenstromgaswaschers ist

---

[1] Stahleisen 1904, S. 285.

folgende: Im Innern eines konischen Gehäuses rotiert mit großer Geschwindigkeit eine zylindrische Trommel mit schraubenförmigen Längsflügeln, welche an der Gaseintrittsseite als Saugflügel und am Gasaustritt als Druckflügel ausgebildet sind. Die Längsflügel, welche das zu reinigende Gas zentrifugierend ausschleudern, wirken der durch die Druckflügel erzeugten Strömungsrichtung des Gases in der Weise entgegen, daß dieselben die Waschflüssigkeit in Schraubenlinien, im Gegenstrom zum Gas, am Mantel entlang, zum Gaseintritt hindrücken. An der Innenseite des Mantels ist ein geeignetes Drahtgeflecht eingebaut, welches zur Aufrauhung und Führung der Waschflüssigkeit dient. Beim Entlangstreichen an dem Wassermantel, welcher durch das Drahtgewebe an der Rotation verhindert wird, reibt sich das Gas mit dem Staub, und letzterer bindet sich an das Wasser.

Die Gesamteinrichtung einer Theisenschen Gasreinigungsanlage ist einfach und übersichtlich, sie bedarf keiner platzraubenden und kostspieligen Vor- und Nachreiniger; es genügt ein einfacher Gasvorbenetzer in Gestalt eines unter Wasserabschluß stehenden Standrohres, in dem einige Spritzdüsen eingebaut sind, die dem heißen Rohgase feinzerstäubtes Wasser entgegenspritzen und dadurch das Gas auf 70—80 °C vorkühlen. Der Nachteil dieser viel verwendeten Vorbenetzer ist aber der, daß sie nicht jene Kühlung des Gases erreichen, wie sie in reichlich

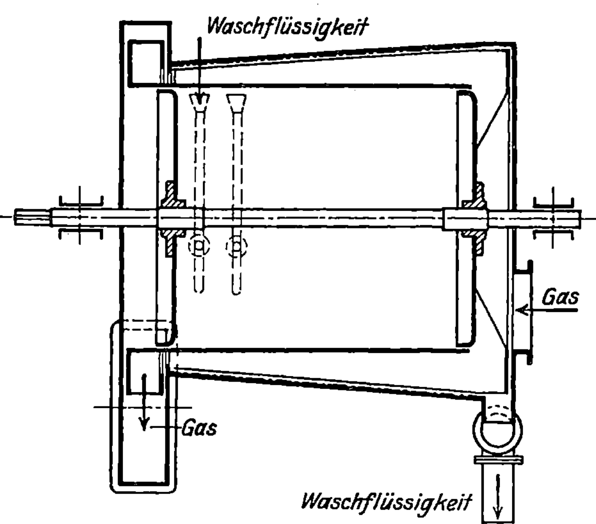

Abb. 17. Theisenscher Zentrifugal-Gegenstrom-Gaswascher.

dimensionierten Kühlern erfolgt. Diese Vorbenetzer sind in der Hauptsache da, das Gas vorzubenetzen, damit der Reinigungsvorgang im Zentrifugalwascher selbst erleichtert wird. Das Gas sättigt sich natürlich auch im Vorbenetzer mit Wasser, und die Temperatur des Gases sinkt bis auf annähernd den Taupunkt, indem die Eigenwärme zum Verdunsten des Wassers dient. Die Abkühlung unter den Taupunkt erfolgt aber nur in geringem Maße, da das Volumen des Vorbenetzers ziemlich klein ist.

Durch die Mischung des feinen Wasserstaubes mit dem Gase werden die Gasstaubteilchen angefeuchtet, werden dadurch schwerer und lassen sich leichter ausschleudern. Weiter hat die Vorbenetzung des Gases den großen Vorteil, daß eine Krustenbildung des sonst trockenen Gasstaubes an den Trommelflügeln des Apparates vermieden wird.

Infolge der intensiven Arbeitsweise wird das Gas tüchtig mit Wasser vermischt, und es ist somit nicht ganz zu vermeiden, daß das gereinigte Gas einen Teil dieses erzeugten Wasserstaubes mit sich reißt. Um zu verhindern, daß diese mechanisch mitgerissenen Wassertröpfchen in die Reingasleitung gelangen, muß direkt hinter dem Wascher ein Wasserabscheider aufgestellt werden, in dem alle Wassertröpfchen aufgefangen werden, damit das gereinigte Gas in getrocknetem Zustande den Verbraucherstellen zugeführt werden kann. Dieser Wasserabscheider kann von beliebiger Konstruktion sein.

Der Kraftbedarf der Zentrifugal-Gegenstromgaswascher steht mit den erzielten Erfolgen in günstigem Verhältnis; er beträgt z. B. bei einer erzielten Gasreinheit von 0,02 g/m³ Staub 2 ÷ 2,3 der mit dieser Gasmenge im Motor erzeugten Kraft (etwa stündlich 7—7,5 PS/1000 m³). Die Leistung der Wascher beträgt bis zu 30000 m³ gereinigtes Gas pro Stunde. Der Reinheitsgrad wird etwa 0,02—0,03 g/m³ Staub garantiert, jedoch ist diese Reinheit auch schon weit übertroffen worden (bis zu 0,003 g/m³). Die verbrauchte Wassermenge beträgt 1—1,5 l/m³ gereinigtes Gas. Der Theisenwascher liefert also in einem Apparat vor- und feingereinigtes Gas. Der Unterschied ist nur der, daß bei der Feinreinigung mehr Wasser eingespritzt werden muß und deshalb auch der Kraftverbrauch ein größerer ist. Der Kraftverbrauch bei vorgereinigtem Gas von 0,1—0,5 g/m³ Staub, wie es zum Beheizen der Cowper und Kessel verwendet werden kann, beträgt etwa 2,5—3,5 PS/1000 m³ Gas stündlich.

Wenn solche Theisenwascher ausschließlich nur für vorgereinigtes Gas dienen sollen, so können dieselben etwas kürzer gebaut werden. Der Arbeitsvorgang ist aber derselbe.

Bei der Reinigung des Gases ist es ein Nachteil der Theisenwascher, daß sie bei Gegendruck erheblich weniger leisten.

Die Vorteile des Gasreinigers sind:

Guter Reinheitsgrad in verhältnismäßig kleinen Apparaten; geringe Unterhaltungskosten und einfache Bedienung; einfache Konstruktion; große Betriebssicherheit; geringe Abnutzung und gute Eignung zum Dauerbetrieb. Die Montage der Apparate ist bequem und geht schnell vonstatten. Alle schleudernden bzw. rotierenden Teile sind auf der Trommel angenietet. Dadurch, daß der Apparat in der Mitte geteilt ist, werden die Trommel und das Gehäuse, nachdem die obere Hälfte des Gehäuses abgehoben ist, vollkommen und leicht zugängig. Die Wascher können jahrelang ohne Unterbrechung betrieben werden, ohne daß sie Störungen zeigen. Der Theisenwascher drückt das gereinigte Gas mit etwa 100 mm W.-S. in die Reingasleitung, jedoch kann der Ausblasedruck des Reingases innerhalb gewisser Grenzen, den Verhältnissen der betreffenden Werke entsprechend, erhöht oder erniedrigt werden.

Um den Anforderungen der modernen Hüttenwerke, ihren Betrieb auf das wirtschaftlichste auszunutzen, gerecht zu werden, baute Eduard Theisen im Jahre 1909 die Desintegratoren, die bedeutend geringeren

Kraft- und Wasserverbrauch bei einem viel höheren Reinheitsgrad des Gases erzielen.

Die ersten Desintegratoren wurden 1911 dem Dauerbetrieb übergeben, und seither haben sie sich sehr gut bewährt, was aus ihrer außerordentlich schnellen Verbreitung (siehe Abb. 3—5) ersichtlich ist. Sie erfüllen in einem Apparat alle an eine wirtschaftliche Gasreinigung gestellten Anforderungen durch inniges Durchmischen und Schleudern von Gas und Wasser mittels der Desintegratorvorrichtung, dann nochmaliges Schleudern des Gases gegen eine geeignete Waschfläche, sowie Transport des Gases und hohe Druckerzeugung.

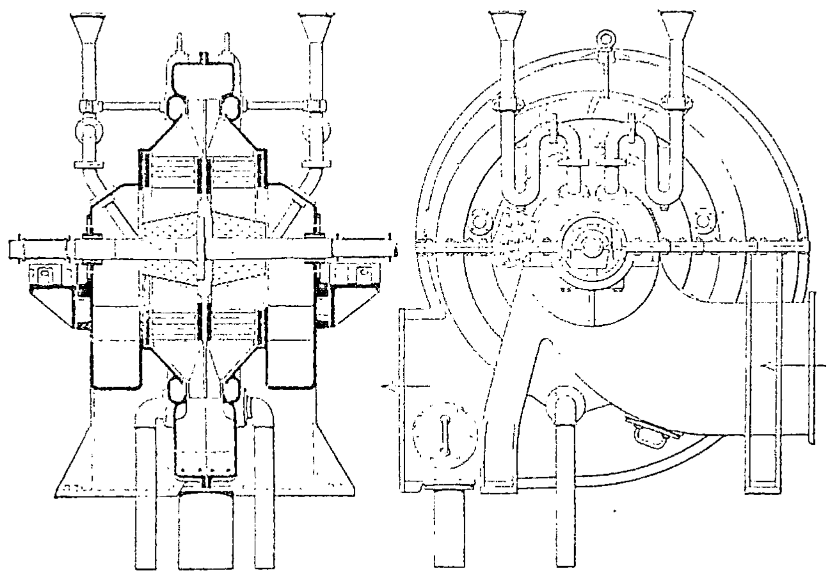

Abb. 18. Theisenscher Mitstromwascher nach Desintegratorbauart.

Die Apparate wurden anfangs nach dem Mitstrom- und Gegenstromprinzip gebaut. Bei den Mitstromdesintegratoren (Abb. 18) durchläuft das Wasser und Gas von innen nach außen die Desintegratorvorrichtung, während bei dem Gegenstromapparat das Gas dem Wasser entgegen von außen nach innen durch die Desintegratorvorrichtung streicht. Im allgemeinen wurden die Mitstromdesintegratoren für die bereits gekühlten, und die Gegenstromdesintegratoren für die heißen, ungekühlten Gase verwendet; jedoch baute man die Gegenstromdesintegratoren nicht, da sie sich als nicht so vorteilhaft erwiesen, wie es anfangs schien.

Bei höheren Rohgastemperaturen wird dem Mitstromdesintegrator ein Vorkühler vorgeschaltet. Dieser Vorkühler ist entweder ein gewöhnlicher Skrubber ohne Hordeneinbau, der nur den Zweck hat, das heiße Gas zu benetzen, so daß es kühler in den Desintegrator gelangt und eine Krustenbildung in demselben verhindert, oder ein Kühler mit Hordeneinbau, wie er schon früher besprochen wurde, und der neben der intensiven Kühlung des Gases auch zugleich eine größere Reinigung bewirkt.

Der neue Desintegrator-Gaswascher, Patent **Theisen**, reinigt, wie

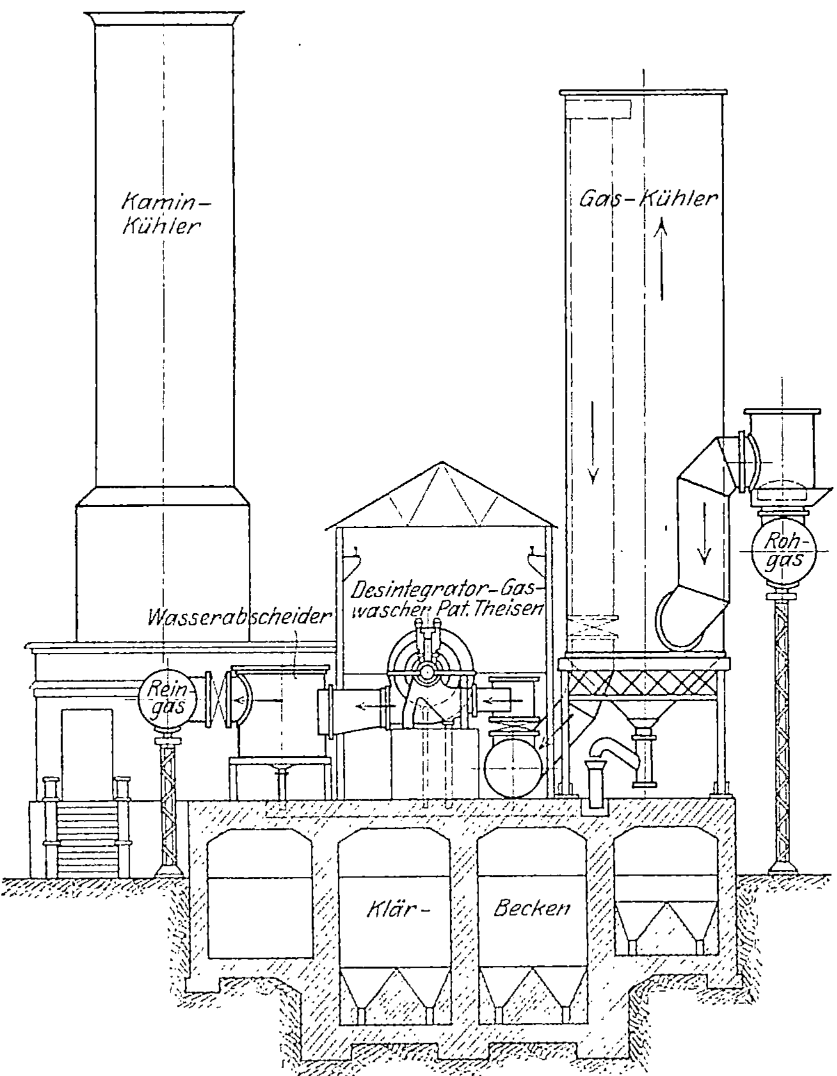

Abb. 19. Moderne **Theisen**-Gasreinigungsanlage.

von verschiedenen Hüttenwerken einwandfrei festgestellt wurde, Rohgase von etwa 30—50 ° C mit einem Staubgehalt von 2—4 g/m³ in einem Apparat ohne Vorreinigung auf einen Staubgehalt von 0,01—0,02 g/m³, wobei der zweite Grenzwert garantiert nicht überschritten wird. Es fallen somit alle rotierenden Vorreiniger, wie Ventilatoren u. dgl. weg, wodurch an Kraft, Wasser, Platzbedarf, Anlagekosten sowie an Verschleiß und Wartekosten gespart wird, und somit erhebliche Ersparnisse gegen früher oder gegen andere Systeme eintreten, und sich die Wirtschaftlichkeit wesentlich erhöht. Die Wirtschaftlichkeit erhöht sich ferner dadurch, daß bei Verwendung von Theisen-Desintegratoren die Ventilatoren für Druckerzeugung in Wegfall kommen, weil diese Apparate mit einem kräftigen Ventilatorrad, welches auf der durchgehenden, beiderseits gelagerten Welle sitzt, ausgerüstet sind.

Bei Theisen-Desintegratoren, die ausschließlich nur das Gas für Heizzwecke reinigen, wobei der Reinheitsgrad nicht so groß zu sein braucht wie für den Gasmaschinenbetrieb (etwa 0,1—0,2 g/m³) hat sich eine kleine Konstruktionsänderung als sehr vorteilhaft erwiesen, da der Kraftbedarf sich fast auf die Hälfte des normalen Verbrauches reduziert (siehe Zahlentafel 27). Dies wird dadurch erreicht, daß die feststehenden Stabzylinder im Innern des Apparates weggelassen sind, wodurch die Desintegratorwirkung vermindert wird.

Zahlentafel 19. Untersuchung des ersten Theisen-Desintegrators in Gelsenkirchen 1909.

Gas-menge m³/Std.	Gasdruck		Staubgeh. d. Gases		Wasser-verbrauch l/m³	Gesamter Kraft-verbrauch PS$_e$ je 1000 m³	Dreh-zahl in der Minute
	vor dem Wascher mm W.-S.	hint. dem Wascher mm W.-S.	vor dem Wascher g/m³	hint. dem Wascher g/m³			
10200	40	100	4	0,031	1,2	3,9	515

Im allgemeinen kommt ein Vorkühler erst bei Rohgastemperaturen von 50° C an aufwärts zur Verwendung.

Bei allen Theisen-Naßreinigungsanlagen befindet sich hinter dem Desintegrator noch ein Wasserabscheider, der das vom Gasstrom mitgerissene Wasser, das sich noch im gereinigten Gas in Form von feinen Tröpfchen befindet, zur Ausscheidung bringt. Als Abscheider werden aber ausschließlich nur solche Konstruktionen verwendet, deren Wirkung durch Prallflächen, die den Gasstrom aufhalten, erzeugt wird. In Abb. 19 ist eine moderne Theisenanlage abgebildet, wie sie sehr häufig gebaut wird, weil dabei die Anlagekosten und der Platzbedarf auf ein Minimum reduziert werden.

Das Gehäuse der Mitstromapparate (Abb. 18) gleicht äußerlich im allgemeinen einem Ventilator. Das zu reinigende Gas tritt von beiden Seiten in die Mitte des Gehäuses ein. An die Gaseingangsstutzen sind beiderseitig die Lagerstühle für die Ringschmierlager angegossen, bzw. angeschraubt. Neuerdings werden aber ausschließlich nur noch Kugellager verwendet. Die durchgehende Welle, die am einfachsten direkt mit dem Antriebsmotor gekuppelt wird, ruht in den normalen Ringschmierlagern, und auf dem Mittelbund der Welle ist eine Stahlgußscheibe befestigt. Auf dieser umlaufenden Scheibe ist beiderseits je ein Gußring angeordnet, der die mitlaufenden Winkeleisenzylinder trägt. An der Innenwand des Gehäuses sind ebenfalls Gußringe angebracht, welche die feststehenden Stabzylinder tragen. Die umlaufenden und die feststehenden Zylinder sind konzentrisch ineinander angeordnet. Das Waschwasser wird durch offene, leicht auswechselbare Syphonrohre in das Innere eines durchbrochenen, außen mit Spritztellern versehenen Verteilerkegels geführt, der das Wasser zerstäubt; das Waschwasser trifft nunmehr gleichmäßig verteilt auf den innersten umlaufenden Zylinder. Das Gas- und Wassergemisch wird sodann durch die als Zentrifugier-

Zahlentafel 20. Untersuchung eines Theisen-Desintegrators
in Differdingen.

| Gasmenge bezogen auf 50° C | Gasdruck | | | Staubgehalt des Gases | | Gastempe- ratur | | Wasser- temperatur | | Wasser- verbrauch | Gesamter Kraftverbrauch PSe je 1000 m³ | Drehzahl in der Minute |
| | im Saug- rohr vor d. Wascher | zwischen Wasserab- scheid. u. Wascher | Druck- steige- rung | vor dem Wascher | hinter dem Wascher | vor dem Wascher | hinter dem Wascher | vor dem Wascher | hinter dem Wascher | | | |
m³/Std.	mm W.-S.	mm W.-S.	mm W.-S.	g/m³	g/m³	°C	°C	°C	°C	l/m³		
44327	— 70,5	+ 130,3	200,8	1,08	0,020	40,0	40,5	30	39,3	0,684	5,55	668
47353	— 90,0	+ 150,0	240,0	1,0	0,012	32,5	33,5	29	33	0,555	5,43	658
48515	— 85,0	+ 153,0	238,0	0,944	0,018	33,3	34,5	29,5	33,8	0,550	5,22	649
46611	— 85,0	+ 158,3	243,3	0,880	0,008	32,5	33,5	29	33	0,430	5,00	677

Zahlentafel 21. Untersuchungen von Theisen-Desintegratoren
in Rombach.

| Gasmenge bezogen auf 20° C u. 760 mm Druck | Gasdruck | | | Staubgehalt des Gases | | | Gastempe- ratur | | Wasser- temperatur | | Wasser- verbrauch | Gesamter Kraftverbrauch PSe 1000 m³ |
| | im Saug- rohr vor d. Wascher | zwischen Wascher u. Wasser- abscheider | Druck- steige- rung | vor dem Wascher | hinter dem Wascher | hinter dem Gasometer | vor dem Wascher | hinter dem Wascher | vor dem Wascher | hinter dem Wascher | | |
m³/Std.	mm W.-S.	mm W.-S.	mm W.-S.	g/m³	g/m³	g/m³	°C	°C	°C	°C	l/m³	
30252	— 30,0	+ 196,5	226,5	0,22	0,014	0,011	29	31,0	27,0	30,4	0,549	4,1
30312	— 22,9	+ 137,1	160,0	0,35	0,016	0,012	30,6	31,3	26,4	30,8	0,699	4,5
43050	— 55,0	+ 130,0	185,0	0,37 0,38	0,019 0,018	0,019 0,015	—	—	—	—	0,387	2,9

flügel wirkenden Winkeleisen auf die als Prallflächen wirkenden Stäbe der feststehenden Zylinder geschleudert, wodurch das Waschwasser in feinen Wasserdunst zerschlagen und mit dem Gase innig durchmischt wird, so daß der im Gichtgas enthaltene Staub gut benetzt wird. Durch die nächsten umlaufenden und stillstehenden durchbrochenen Zylinder wird dieser Vorgang noch öfters wiederholt, so daß die Gasstaubteilchen beim Durchgang durch die Zylinder vollständig in die Wasserteilchen übergehen und von diesen festgehalten werden. Das entstandene Gas- und Wassergemisch wird durch diese Desintegratorvorrichtung von den eigentlichen Ventilatorflügeln hindurchgesaugt. Diese, am äußersten Teil der umlaufenden Scheibe sitzenden Ventilatorflügel sind in ihrem inneren Teil schräg gestellt und seitlich offen, so daß sie das Gas- und

Wassergemisch seitlich ausschleudern, und zwar auf eine konzentrisch um die Ventilatorflügel eingebaute Waschfläche, wobei der mit Gasstaubteilchen gesättigte Wasserstaub ausgeschieden wird und als Flüssigkeitsschicht nach außen kreist. Dabei wird das Gas selbst nochmals über diese Flüssigkeitsschicht geschleudert, ähnlich wie bei den Theisenschen Zentrifugalwaschern, wie sie weiter oben beschrieben wurden. Die auf der kegeligen Waschfläche nach außen kreisende Wasserschicht wird von den am Ende dieser Fläche eingebauten Fangrinnen aufgefangen und durch Stutzen abgeleitet. Durch die Anordnung der Fangrinnen gelangt das Waschwasser nicht auf die eigentlichen Druckflügel, woraus sich der geringe Kraftbedarf auch bei hoher Druck-

Zahlentafel 22. Versuche an den Desintegrator-Gaswaschern Patent Theisen, Type 2300 E der Friedrich-Wilhelms-Hütte, Mülheim-Ruhr. Direkte Reinigung von Rohgas (3—4 g/m³ Staubgehalt) auf Maschinengas.

Datum	Gasmenge in m³/Std.	v. Desintegrat. erzeugte Press. in mm W-S.	Wassermenge durch		Amp.	PS$_i$	PS$_e$	Staubgehalt im Reingas in g/m³	Wassergehalt im Reingas in g/m³
			Syphon zugeführt in l/m³	Ablauf aus Des.-Beck. u. Absch. in l/m³					
20.VI. 22	61000	435	—	—	53	536	483	—	—
21.VI. 22	61000	435	0,46	0,69	53	536	483	0,008	21,35
22.VI. 22	59500	435	—	—	52	528	475	—	—
24.VI. 22	65000	430	0,42	0,59	52	528	475	0,010	22,54
26.VI. 22	57000	440	—	—	52	528	475	—	—
28.VI. 22	60000	435	0,44	—	52	528	475	0,010	20,26 Gastemp. 23° C
30.VI. 22	59000	435	0,49	0,56	52	528	475	—	—
15.VII. 22	60000	—	0,47	0,62	52	528	475	—	—

erzeugung erklärt. Die Ventilatorflügel sind in ihrem äußeren Teil radial und als Druckflügel ausgebildet, und demgemäß seitlich geschlossen; sie führen das gereinigte Gas radial in das schneckenförmig gestaltete Ventilatorgehäuse, von wo es unter Druck aus dem Apparat an die Verbraucherstelle gelangt.

Die Höhe der Druckerzeugung kann bei den einzelnen Apparaten geregelt werden. Bei Bestellung des Desintegrators ist die gewünschte Drucksteigerung desselben anzugeben, und hiernach werden die Ventilatorflügel etwas verlängert oder verkürzt. Die Gegenstromdesintegratoren, die wegen ihres bedeutend höheren Kraftbedarfs praktisch nicht in Betrieb kamen, nur ein Versuchsapparat wurde gebaut, seien hier nicht weiter beschrieben.

Die Theisen-Mitstromdesintegratoren werden in verschiedenen Größen hergestellt. Bei der Gasreinigung für den Gasmaschinenbetrieb ist die größte Leistung eines Apparates 75000 m³/Std. , wobei das Gas auf 0,01—0,02 g/m³ gereinigt wird, und bei der Vorreinigung für Heizzwecke, wo kein so hoher Reinheitsgrad unbedingt verlangt wird, 80000 m³/Std. in einem Desintegrator bei einer Gasreinheit von 0,1 bis 0,2 g/m³.

Zahlentafel 23. Desintegrator-Gaswascher Patent
Versuche durchgeführt bei: Société Anonyme

Datum der Versuche	Gas-menge m³/Std.	Gastemperatur		Vom Des. er-zeugte Pressung mm W.-S.	Statischer Druck		Touren-zahl n	Amp.
		vor d. Des. ⁰ C	hinter d. Des. ⁰ C		vor d. Des. mm W.-S.	hinter d. Des. mm W.-S.		
16. III. 22	62100	12	15	290	— 70	—	699	530
18. III. 22	50000	15	15	295	— 30	+ 265	700	600
20. III. 22	54000	14	16	275	— 40	+ 225	700	590
21. III. 22	49000	17,5	15	285	+ 40	+ 325	700	590
22. III. 22	51175	14	13	280	+ 15	+ 295	690	600
23. III. 22	50600	14	13	285	+ 5	+ 290	700	600
24. III. 22	57500	15	15	275	+ 0	+ 275	695	590
25. III. 22	50000	10	11,5	280	— 30	+ 250	690	590

Garantie-

Gasmenge . . . . 50000 m³/Std.,
Erzeugte Pressung mindestens . 150 mm W.-S.,
Staubgehalt im Rohgas . . . . 1—2 g/m³,

Die Desintegratoren eignen sich ohne weitere Konstruktionsände-
rungen für die Reinigung der verschiedensten chemischen Gase, Rauchgase, Gase aus Schmelz-, Elektro- und Kalköfen, sowie Generatorgase
unter Gewinnung von Urteer. Da diese Gase jedoch alle bei weitem
keinen so hohen Staubgehalt besitzen wie das Gichtgas, so verwendet
man hierbei mit großem Vorteil Apparate ohne feststehende Stabzylinder,
wie sie schon weiter oben bei der Gasreinigung für Heizzwecke erwähnt
wurden, und die bedeutend weniger Kraft bei demselben Wasserverbrauch benötigen.

Die Desintegratoren sind, wie sich durch jahrelangen Dauerbetrieb
gezeigt hat, durchaus betriebssicher. Sie sind diejenigen Gasreiniger, die
den geringsten Raum beanspruchen, da sie bei nicht allzu hohen Rohgastemperaturen keine Kühler und Vorreiniger, sondern höchstens sehr
einfache Vorbenetzer benötigen, und in ein und demselben Apparat
alle Anforderungen erfüllen, die an eine wirtschaftliche Gasreinigung
gestellt werden. Die Bedienung ist sehr einfach und die Abnutzung
des Apparates gering. Durch die kräftige Durchwaschung und Durch-
spülung aller Apparateteile ist ein Verkrusten derselben ausgeschlossen.
Die Montage ist sehr einfach, und es kann in kurzer Zeit der Apparat dem
Dauerbetrieb übergeben werden.

Zahlentafel 19 zeigt die allerersten Versuche an Theisen-Desintegratoren, die in Gelsenkirchen im Jahre 1909 gemacht wurden. In Zahlentafel 20 und 21 sind weitere Versuchsergebnisse wiedergegeben, wie sie
neueren Apparaten entsprechen. Die Temperaturen lassen erkennen,
daß bei fast gleicher Eintrittstemperatur von Gas und Wasser eine geringe Erhöhung der Eigenwärme des Gases auftritt, welche von der teilweise in Wärme umgesetzten Schlagarbeit des Apparates herrührt. Die
Zahlentafeln 22—25 geben die neuesten Versuche wieder, wie sie auf
verschiedenen Werken mit Theisen-Desintegratoren gemacht wurden.
Der Reinheitsgrad ist dabei sehr gut und der Kraft- und Wasserver-

Theisen, Größe 2300 R, Durchmesser 2000 mm.
Forges de la Providence, Marchienne-au-Pont.

Volt	KW₁	PS₁	PSₑ	Wasserverbrauch		Wasser-temperatur	Staubgehalt	
				in Liter p. Std.	in Liter p. m³	°C	im Rohgas g/m³	im Reingas g/m³
445	236	321	289	13 300	0,214	8	—	—
435	261	355	320	37 230	0,745	8	3,480	0,025
435	256	349	314	36 430	0,675	8	2,600	0,015
435	256	349	314	39 850	0,81	7,5	3,221	0,015
435	261	355	320	38 110	0,75	6	2,189	0,012
440	264	359	323	37 390	0,74	5	1,838	0,013
435	256	349	314	34 720	0,605	5	3,183	0,016
435	256	349	314	35 410	0,7	5	2,298	0,014

Bedingungen:

$$\text{Staubgehalt im Reingas} \ldots\ldots 0{,}02\ \text{g/m}^3,$$
$$\text{Kraftverbrauch} \ldots\ldots\ldots \text{ca. } 300\ \text{PS}_\text{e},$$
$$\text{Wasserverbrauch} \ldots\ldots\ldots \text{ca. } 0{,}7\ \text{l/m}^3.$$

brauch auch gering; besonders ist der Kraftbedarf günstig unter Berücksichtigung der hohen Druckerzeugung, die mit der Reinigung des Gases in einem Apparat verbunden ist. Zahlentafel 27 zeigt Versuche, die für die bloße Vorreinigung des Gases für Heizzwecke sehr günstig sind, insbesondere ist der niedere Kraft- und Wasserverbrauch beachtenswert.

Ein einwandfreier, interessanter Vergleich zwischen den Desintegratoren von Theisen und Schwarz-Bayer wurde auf einem österreichischen Hüttenwerk angestellt[1]. Beide Reiniger entnehmen das Rohgas einer gemeinsamen Sammelleitung und drücken das gereinigte Gas in eine gemeinsame Reingasleitung. Der Staubgehalt im Rohgase (etwa 2 g/m³), der Druck im Rohgase (etwa + 50 mm W.-S.) und der Druck in der Reingasleitung (+ 120 ÷ + 170 mm W.-S.) sind also bei beiden Apparaten genau gleich. Die Mengenleistung und der Kraftbedarf sind bei beiden Reinigern gleich, und der Wasserverbrauch und Reinheitsgrad sind aus der Zahlentafel 26 ersichtlich. Die Arbeitsweise des Theisenapparates zeigt ein bedeutend besseres Ergebnis, zumal ein Gas von 0,3—0,5 g/m³ Staub für den Maschinenbetrieb völlig unbrauchbar ist und vorher noch eine weitere Reinigungsstufe passieren müßte. Der Raumbedarf ist auch bei dem Theisen-Reiniger ein kleinerer und die Betriebssicherheit eine größere, als bei dem Desintegrator von Schwarz-Bayer. Auch benötigt der Theisen-Reiniger nur einen direkt gekuppelten Motor von 125 PS, während der von Schwarz-Bayer mit zwei Motoren von je 35 PS für den Desintegrator und einem weiteren von 60 PS für den getrennt angeordneten Ventilator versehen ist.

Der Desintegrator von Theisen arbeitet von den Naßreinigern am besten, da er den geringsten Kraft- und Wasserverbrauch hat, ferner eine größere Betriebssicherheit und einen besseren Reinheitsgrad gewährt.

---

[1] Stahleisen 1913, S. 2102.

Zahlentafel 24. Versuche am Desintegrator-

Datum des Versuches	20. XI. 22	2. XII. 22
Dauer des Versuches	—	9^{30}—11^{30}
Gasmenge, reduziert auf 45°C in m³/Std.	52800	44850
Gastemperatur am Eintritt d. Desintegr. ⁰C	45	45
Druckerzeugung d. Desintegr. mm W.-S.	305	300
Druck in d. Feingasleitung (hinter Abscheider) . . .	295	275
Zugeführte Wassermenge in m³/Std.	72,4	72,2
Zugeführte Wassermenge in l/m³ Gas	1,37	1,6
Wassertemperatur Eintritt Desintegr. ⁰C	—	31
„ Austritt „ ⁰C	—	—
Kraftverbrauch: Volt.	5174	5175
„ Amp.	45,4	48
„ $\cos \varphi$	0,825	0,89
„ PS_i	456	521
„ η Motor	0,922	0,9
„ PS_e	420	470
Rohgas: Staub g/m³ (am Desintegr.-Eintritt gem.) .	1,41	—
Feingas: Temperatur an der Meßstelle in ⁰C . . .	—	22
„ Feuchtigkeit g/m³	—	17,8
„ Staub g/m³	0,008	0,007

Vorstehende Versuche wurden von der Wärmestelle der Rheinischen Stahl-
Theisen

c) Der Gasreiniger von Bian.

Der Apparat von Direktor Emil Bian in Dommeldingen beruht
auf dem Prinzip, daß die in Staubsäcken von dem gröbsten Staub be-
freiten Gase vor allem energisch gekühlt sein müssen, ehe die Reinigung
nutzbringend erfolgen kann. Die Wirkungsweise ist kurz folgende: Das
aus den Staubsäcken kommende Gas strömt in den Bianschen Kühl-
und Waschapparat, der, und das ist die Eigentümlichkeit des Systems
von Bian, als rotierender Kühler ausgebildet ist. Es ist dies (Abb. 20)
eine große, fast zylindrische Blechtrommel, in der, auf kräftiger Welle
befestigt, eine große Anzahl von Scheiben rotiert, welche aus Draht-
geflechtsektoren zusammengesetzt sind. Diese Drahtgeflechte sind so

Zahlentafel 25. Versuche am Desintegrator-Gaswascher Patent Theisen,
Größe 2200 M.

Versuch Nr.	1	2
Gasmenge reduziert auf 20° C in m³/Std.	50088	54456
Temperatur des Gases, gem. am Des.-Eintr. in ⁰C . .	20	23
Druckerzeugung im Desintegrator mm W.-S.	40	36
Spezif. Wasserverbrauch l/m³ Gas.	0,74	0,7
Wassermenge m³/Std.	37,1	38
Kraftverbrauch PS_e	230	232
Rohgas-Staubgehalt, gem. am Des.-Eintr., g/m³ . . .	3	3,2
Feingas-Staubgehalt, gem. nach Abscheider, g/m³ . .	0,014	0,017

Nebenstehende Versuche wurden ausgeführt an einem der Desintegrator-Gaswascher Patent Theisen der Mansfeldschen Kupferschiefer bauenden Gewerkschaft
Eisleben, Abt. Kochhütte. Die gereinigten Gase waren Abgase von Hochöfen für
kupfer-, blei- und zinkhaltige Erze.

Gaswascher Patent Theisen, Größe 2300 R.

5. XII. 22 12^{15}—2^{15}	5. XII. 22 2^{20}—4^{30}	5. XII. 22 4^{35}—6^{00}	7. XII. 22 11^{00}—12^{00}	7. XII. 22 1^{07}—1^{55}	16. XII. 22 —
59800	55000	52800	61500	53550	52900
43	43	45	43,5	42,5	—
283	302	304	281	310	271
248	232	226	256	259	—
75,3	60,8	45,4	44,2	43,9	70,9
1,26	1,104	0,86	0,72	0,82	1,34
33	33	33	32	33	—
44	44	44	43	43	—
5200	5194	5174	5199	5227	—
50	42	34,6	37,25	35,8	—
0,89	0,882	0,862	0,87	0,866	—
545	453	362	396	372	—
0,94	0,937	0,932	0,935	0,934	—
512	425	338	371	356	504
1,18	1,17	1,15	1,01	0,94	1,12
22	22	22	22	22	—
22,6	—	—	—	—	16,3
0,0061	0,017	0,0176	0,0215	0,0168	0,007

werke in Duisburg-Meiderich am dortigen Desintegrator-Gaswascher Patent durchgeführt.

dimensioniert, daß sie neben einer großen Eisenmasse eine äußerst große Fläche darbieten, ohne jedoch dem Gasdurchgang einen allzu großen Widerstand entgegenzusetzen. Die Blechtrommel ist fast bis zur Achse mit Wasser gefüllt, welches sich fortwährend erneuert, und durch eingebaute Blechwände gezwungen ist, innerhalb des Apparates einen

Zahlentafel 26. Vergleichsversuch zwischen Theisen- und Schwarz-Bayer-Desintegrator.

	Wasserverbrauch l/m^3	Reinheitsgrad g/m^3
Theisen-Desintegrator	0,7÷0,9	0,03÷0,06
Schwarz-Bayer-Desintegrator	1,3÷1,5	0,3÷0,5

Zahlentafel 27. Betriebsresultate
der 3 Desintegrator-Gaswascher Patent Theisen, Gr. 2200 M, auf der Krughütte der Mansfeldschen Kupferschiefer bauenden Gewerkschaft Eisleben. — Die Desintegratoren sind mit neuen, kraftsparenden Einbauten versehen.

Gasmenge m³/h	50000	55000
Gastemperatur º C	45	40
Druckerzeugung im Desintegrator mm W.-S. . . .	110	100
Spezif. Wasserverbrauch l/m³	0,6	0,6
Wasserverbrauch insges. m³/Std.	30	33
Kraftverbrauch. PS$_e$	118	120
Rohgas-Staubgehalt vor dem Desintegr. g/m³ . . .	8	10
Reingas-Staubgehalt		
a) nach dem Desintegrator g/m³	0,4	0,5
b) nach dem Abscheider g/m³	0,2	0,3

weiten Weg zurückzulegen. Durch diesen letzteren Umstand und dadurch,
daß das Gas und Wasser sich nach dem Gegenstromprinzip beeinflussen,
wird eine gute Ausnutzung des Kühlwassers erzielt und dessen Verbrauch
so weit wie möglich beschränkt. Der Kühleffekt ist jedoch, wie schon
früher erwähnt, nicht so groß, wie bei den statischen Kühlern, da die
Ausmaße der rotierenden Trommel nicht zu groß werden dürfen. Bei
Eintritt des heißen Gichtgases in die Trommel wird der auf den Draht-
geflechten haftende Wasserschleier verdampft und so das Gas mit Wasser
gesättigt. Auf seinem weiteren Wege durch den Apparat hat das Gas

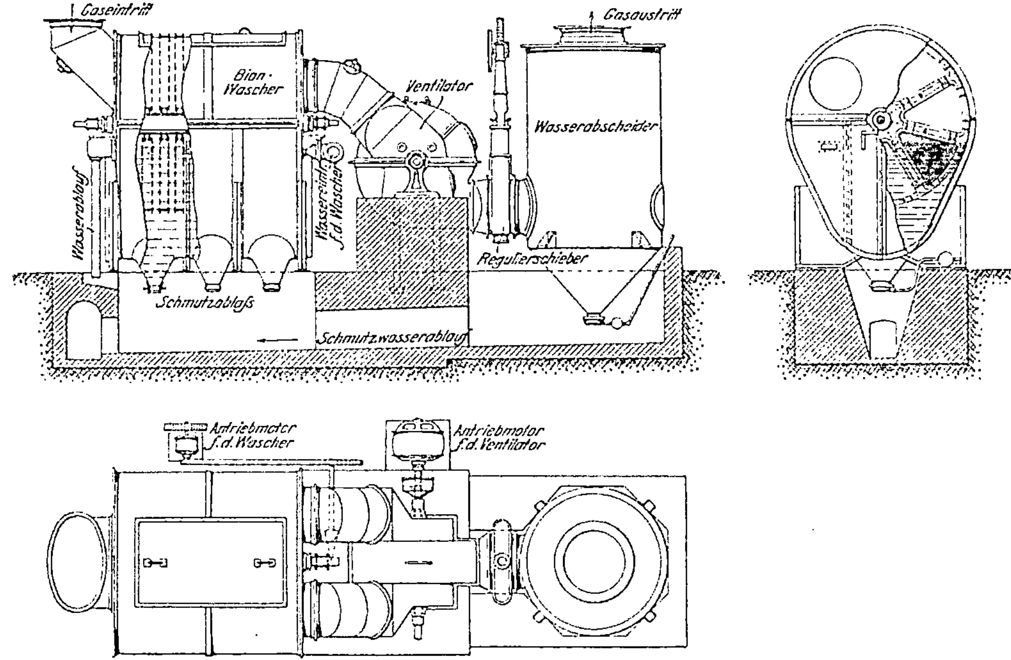

Abb. 20. Bauart einer Gasreinigungsanlage System Bian.

so viel Wärme verloren, daß es kein Wasser mehr verdampfen kann, es
findet jetzt sogar eine Kondensierung des im Gas enthaltenen Wasserdampfes statt. Bei Austritt aus dem Wascher übersteigt die Gastemperatur nur um einige Grade die Temperatur des Kühlwassers. Ein
großer Teil des im Gase sich befindlichen Staubes hat sich auf dem Wege
durch den Wascher an den großen Oberflächen der Drahtgeflechte ab-
gesetzt und wird bei der Drehung der Scheiben vom Wasser abgespült.
Der am Boden des Waschers sich sammelnde Schlamm kann durch
Ablaßklappen ohne Betriebsstörung entfernt werden, was etwa täglich
einmal erfolgen muß. Der Apparat macht etwa 10 Umläufe in der Minute,
benötigt also nicht viel Kraft, und der Verschleiß ist auch sehr gering. Eine Anlage nach dem Bianschen Verfahren ist in Abb. 20 dargestellt.

Der Ventilator mit Wassereinspritzung schließt sich direkt an den Wascher ohne große Rohrleitungen an, was von Vorteil ist, da das nasse Gas die langen Rohrleitungen leicht mit nassem Staub verstopfen würde. Im Ventilator wird das Gas mit dem eingespritzten Wasser mit großer Geschwindigkeit geschleudert. Um die vom Ventilator zu reinigende Gasmenge bequem und sicher regulieren zu können, und um zu vermeiden, daß an der Ofengicht Luft mitgesaugt wird, ist unmittelbar hinter dem Ventilator ein Schieber vorgesehen. Hierauf gelangt das Gas in den Wasserabscheider, den es fast vollkommen frei von mechanisch mitgerissenen Wasserteilchen verläßt. Abb. 21 zeigt die Bauart eines Zentrifugalwasserabscheiders, System Bian. Bei größerer Geschwindigkeit des Gases in diesem Apparat und bei Einbau von entsprechenden Prallflächen würde die Wirkung noch verstärkt werden. Der Druckverlust wird dann allerdings etwas steigen.

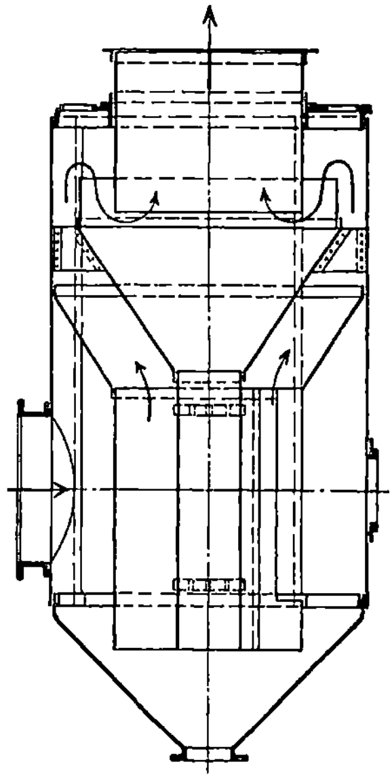

Bian baut seinen Apparat in drei verschiedenen Größen:

1. Für Öfen für 100 t Tageserzeugung = 21000 m³ Gas/Std.; Kraftaufwand für Wascher und Ventilator 82 PS.

2. Für Öfen für 150 t Tageserzeugung = 32000 m³-Std.; Kraftverbrauch für Wascher und Ventilator 113 PS.

3. Für Öfen für 200 t Tageserzeugung = 42000 m³-Std.; Kraftverbrauch für Wascher und Ventilator 144 PS.

Es werden etwa 3—3,5 l/m³ Gas an Wasser eingespritzt. Das Gas wird bis auf etwa 10⁰ über Wassertemperatur abgekühlt.

Ein Versuch mit einem Bian-Wascher ergab folgende Zahlenwerte[1]:

Das gereinigte Gas enthält 0,5 g/m³ Staub, das Rohgas 12 g/m³. Der Wasserverbrauch für den Wascher betrug bei Gastemperaturen bis 100⁰ 1 l/m³, über 100⁰ 2 l/m³; der

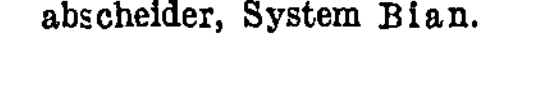

Abb. 21. Zentrifugalwasserabscheider, System Bian.

Wasserverbrauch für den Ventilator betrug bis 100⁰ Gastemperatur 0,5—1 l/m³; über 100⁰ 1 l/m³.

Aus dem schlechten Reinheitsgrad des gereinigten Gases ersieht man, daß es sich bei dem Bianschen Verfahren nur um eine Vorreinigung handeln kann, und diese ist dann aber viel zu kostspielig, da der Kraft- und Wasserverbrauch für die Vorreinigung allein sehr hoch ist, im Vergleich zu Theisen-Apparaten. Der Apparat von Bian wird auch aus obigen Gründen nicht mehr gebaut. Früher, als man den großen Wert einer hochwertigen Gasreinigung noch nicht allgemein anerkannte, hatte er seine Existenzberechtigung, jedoch heute nicht mehr.

---

[1] Z. V. d. I. 1905, S. 1693.

d) Der Schwarz-Bayer'sche Desintegrator[1].

Bei der Gasreinigung nach dem Verfahren von Schwarz-Bayer erfolgt die eigentliche Reinigung mittels. eines Desintegrators, aus dem das Gas durch einen Ventilator in einen Wasserabscheider und weiter in die Leitung befördert wird. Bei der ersten Versuchsanordnung saßen Reiniger und Ventilator auf einer gemeinsamen Welle, wie es Abb. 22 veranschaulicht. Es stellten sich jedoch bald Mängel dieser Bauart heraus, insbesondere war es schwer, sie an die vorhandenen Betriebsmittel anzupassen und gegebene Verhältnisse gut auszunutzen, so daß man dazu überging, die drei Bestandteile, Desintegrator, Ventilator und Wasserabscheider, baulich vollkommen unabhängig voneinander anzuordnen. Dadurch wurde vor allem erzielt, daß die Drehzahlen der Desintegratoren und Ventilatoren ganz unabhängig voneinander wurden, und sich so regulieren ließen, daß jeweils der beste Wirkungsgrad jedes Bestandteiles erreicht werden konnte.

Der Verlauf der Reinigung ist folgender:

Die vom Hochofen kommenden Gase treten aus der Rohgasleitung, ohne zuvor durch einen Hordenwascher oder ähnliche Vorkühler geleitet zu werden, unmittelbar in den Desintegrator, durchziehen diesen nach dem Gegenstromprinzip (Abb. 22) und werden dann von dem Ventilator in den Wasserabscheider gedrückt. Derjenige Teil des Gases, der nur vorgereinigt zur Beheizung von Cowpern und Kesseln dienen soll, geht nun ab, während derjenige Teil der Gasmenge, der feingereinigt werden soll, nochmals einen zweiten Desintegrator von gleicher Bauart durchströmt.

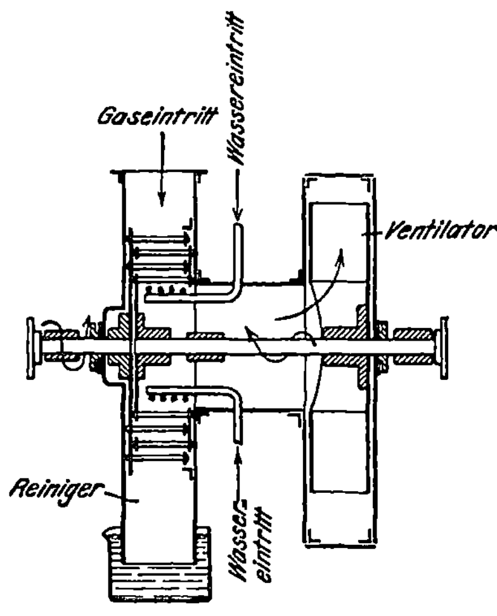

Abb. 22.   Schwarz-Bayerscher Desintegrator.

Die in dem Desintegrator sich gegenläufig drehenden Schlagbolzen sollen eine innige Vermischung des Waschwassers mit dem Gas herbeiführen, und das Wasser zu diesem Zweck fein zerstäuben, was auch sehr gut dadurch erreicht wird. Es entsteht in dem ganzen Raum ein sehr feiner Wassernebel, so daß alle darin befindlichen Staubteilchen vom Wasser benetzt und beschwert werden müssen, und dann durch die Fliehkraft ausgeschleudert werden können.

Dadurch ist es möglich, daß selbst sehr heiße Gase ohne vorherige Kühlung in den Desintegrator gebracht werden können, ohne diesen der Verschmutzung auszusetzen. Durch das Gegenstromprinzip wird die Kühlung der Gase noch verbessert.

Der Antrieb der Anlage ist meist elektrisch, jedoch läßt er sich den

---

[1] Mont. Rdsch. 1913, S. 581/85.

jeweiligen Betriebsverhältnissen vollkommen anpassen. Der Reinheitsgrad des Gases ist abhängig von der eingespritzten Wassermenge in Verbindung mit der Drehzahl.

Nach gemachten Versuchen[1] sollen folgende Ergebnisse festgestellt worden sein: Reinheitsgrad des vorgereinigten Gases 0,06—0,15 g/m³, Reinheitsgrad des feingereinigten Gases 0,01—0,02 g/m³. Der Druckunterschied der Gase beträgt bei der Vorreinigung 40—50 mm W.-S.; bei der Feinreinigung etwa 200 mm W.-S. Der Wasserverbrauch schwankt zwischen 0,5—1 l/m³ gereinigtem Gas, während der Kraftverbrauch pro 1000 m³ Gas sich für die Vorreinigung auf 2,7—3,2 PS; für die Feinreinigung auf etwa 4 PS beläuft. Diese oben angeführten Werte scheinen aber nicht genau zu stimmen für eine große Gasmenge. Der oben angeführte geringe Kraftverbrauch ist nur darin begründet, daß viel zu wenig Wasser eingespritzt wurde. Dies ist aber ein großer Nachteil, denn ein erheblicher Teil des Einspritzwassers verdampft, und damit wird der schädliche Dampfgehalt des Gases stark vergrößert. Von einer richtig gebauten Gaskühlung verlangt man aber nicht nur eine weitgehende Abkühlung, sondern vor allem eine Kondensation des Wasserdampfes. Die obige Wassermenge müßte also bedeutend größer sein, und dadurch erhöht sich auch wieder der Kraftbedarf. Es ist jedenfalls unmöglich, mit nur ¾ l Wasser 1 m³ von 200° C richtig zu kühlen und zu reinigen.

Im Gegensatz zu den statischen Kühlern, die stets ein gesättigtes Gas liefern, erfolgt aber bei den Desintegratoren des Systems Schwarz-Bayer infolge der durch die gegenläufigen Schlagbolzen herbeigeführten feinen Zerteilung des Wassers und innigen Mischung desselben mit dem Gas die Abkühlung so rasch (es handelt sich um Bruchteile von Sekunden), daß nur eine sehr geringe Wasserdampfaufnahme erfolgen kann, trotzdem die feine Verteilung naturgemäß auch, wenn auch nicht im gleichen Maße, die Verdunstung begünstigt.

Der beim Theisen-Verfahren angestellte Vergleich mit den Schwarz-Bayer- und Theisen-Desintegratoren (Zahlentafel 26) zeigt andere Ergebnisse wie die oben angeführten.

Die Desintegratoren nach dem System Schwarz-Bayer werden heute nicht mehr gebaut, da die Feinreinigung zu umständlich ist und es bessere Apparate gibt, die wirtschaftlicher arbeiten.

e) Der Zentrifugalreiniger Patent Schwarz.

Die Wirkungsweise des Zentrifugalreinigers Patent Schwarz ist folgende: Das Gas tritt zuerst, nachdem es vorher in Hordenwaschern vorgereinigt und gekühlt wurde, in eine Vorkommer (Abb. 23), in der sich ein Spritzrad befindet, das mit einer an beliebiger Stelle des Vorderteiles angeschlossenen Wasserleitung verbunden ist. Der Zufluß des Wassers ist dem gewünschten Reinheitsgrad entsprechend zu regeln. Das mit gezackten, vorspringenden Scheiben versehene Spritzrad verteilt das Wasser in einen feinen Sprühregen, so daß der Vorraum mit einem Wasserschleier angefüllt ist, den das von den Flügeln angesaugte

____

[1] Stahleisen 1913, S. 643.

Gas durchströmen muß. Infolgedessen verbinden sich die noch im Gas befindlichen Staubteilchen innig mit dem Wasser. Dieses Gemisch von Wasser und Staubteilchen wird auf seinem weiteren Wege durch die Zentrifugalwirkung der Trommel nach außen geschleudert und fließt als Schlammwasser aus dem erweiterten Teil des Mantels in ein Sammelbecken.

Die Vorteile des Reinigers bestehen in einer geringen Platzinanspruchnahme, dem geringen Kraft- und Kühlwasserbedarf und einem ruhigen Gang des Apparates.

Das Gas passiert nach Verlassen des Reinigers einen Wasserabscheider, wie er fast bei allen Naßreinigern vorzusehen ist. Der Wasserabscheider besteht aus einem Blechgehäuse, das im oberen Teil mit Scheidewänden und Stoßwinkeln ausgerüstet ist, diedurch den Widerstand, den sie den Gasstrom bieten, ein Ausscheiden der etwa noch im Wassertropfen gebundenen Staubteilchen bewirken. Die Behälter müssen von Zeit zu Zeit von dem abgeschiedenen Schlamm gereinigt werden, und sind zu diesem Zweck gut zugänglich. Das Gas gelangt nun zu den Tockenfiltern. Diese sind Apparate von 2,5 m Durchmesser und 8 m

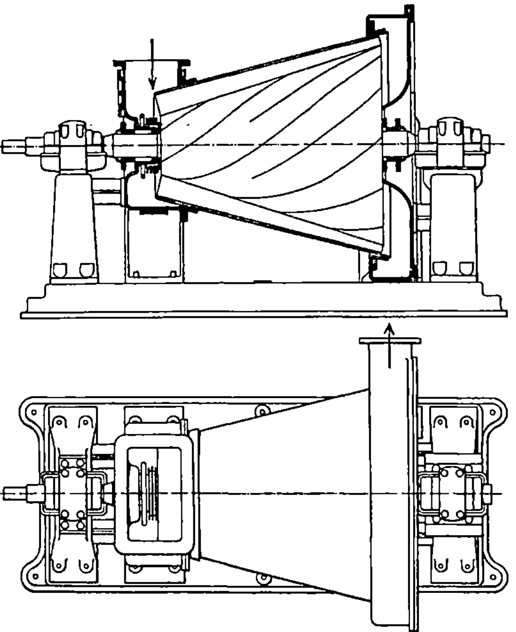

Abb. 23. Zentrifugal-Gasreiniger für 10000 m³ Gas pro Stunde, Patent Schwarz.

Leinen u. dgl. ausgelegt werden, und die das Gas parallel passiert. Hier setzt es den letzten Rest von mitgeführten, Staub enthaltenden Wasserteilchen ab und gelangt dann zu den Verbraucherstellen. Durch entsprechende Anordnung der Gasschieber oder Glockenventile ist es ermöglicht, nach Höhe, die etagenförmig mit einer Filtermasse, Sägespäne oder grobem dem Verschmutzen eines Filterapparates diesen von der Gasleitung abzustellen und die Filtermasse auszuwechseln.

Versuche mit solchen Zentrifugalreinigern ergaben bei einer Lufttempertur von 22° folgende Ergebnisse[1] (siehe Zahlentafel 28):

Die Kühlwassermenge betrug durchschnittlich für den Hordenwascher 3,85 l/m³ durchströmtes Gas und für den Zentrifugalreiniger

---

[1] Stahleisen 1910, S. 448.

1 l/m³. Die Anlage war nur teilweise belastet. Die Leistung der Reiniger betrug etwa 5000 m³/Std., es genügte ein Druck des Gases vor den Maschinen von 180 mm W.-S. Die Leitung der Antriebsmotoren ergab sich zu 20 PS.

Die Nachteile dieses Waschers sind folgende: Der Wascher selbst reinigt das Gas nicht besonders gut, und dann sind noch sehr kostspielige Filterapparate nötig, die sehr unwirtschaftlich arbeiten, da sie oft verschlammen und die Filtermasse erneuert werden muß. Es scheint überdies bei der ganzen Konstruktion des Waschers, die auf eine ziemlich mangelhafte Reinigung schließen läßt, daß obige Versuchswerte sehr hoch gegriffen sind, trotzdem der Apparat nicht voll belastet war. Betrachtet man demgegenüber z. B. einen Theisen-Desintegrator, dessen Konstruktion bedeutend komplizierter ist, so werden einem hinsichtlich des Reinheitsgrades vielleicht doch Zweifel kommen.

Zahlentafel 28. Versuche mit Zentrifugalreinigern Patent Schwarz.

	Staubgehalt in g/m³	Temperatur des Gases in ⁰ C	Temperatur des Kühlwassers in ⁰ C
Vor dem Hordenwascher	2,5 —3,8	45—80	23
Hinter dem Hordenwascher	0,96 —1,16	28,5	25
Vor dem Zentrifugalreiniger	0,96 —1,16	28,5	23
Hinter dem Zentrifugalreiniger . . .	0,02 —0,03	25	24
Hinter den Trockenfiltern	0,009—0,02	21,5	—

f) Der Gasreiniger von Flössel.

Abb. 24 stellt einen Zentrifugal-Gegenstromgasreiniger von Flössel dar. Das zu reinigende Gas wird durch eine rotierende Lauftrommel nach einer Schlangenlinie hindurchgeleitet und zerfällt unter der Wirkung

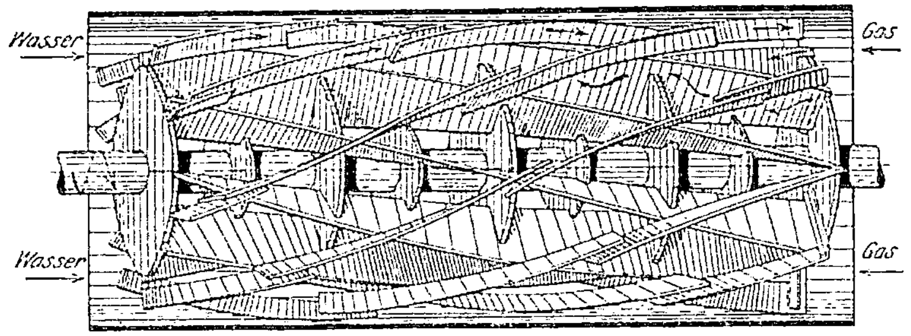

Abb. 24. Zentrifugal-Gegenstrom-Gaswascher Patent Flössel.

der Zentrifugalkraft einerseits in sehr staubreiche ringförmige Zonen an der äußersten Peripherie, und andererseits in staubarme Zonen im Innern. Das durch Schleuderkraft vom Staub befreite Gas strömt dann ab. Die staubreichste äußere Zone wird unter Vermittlung der mitrotierenden Transportschnecken nach entgegengesetzter Richtung fort-

bewegt und verläßt den Apparat in Form einer dichten Staubwolke. Bei
der Reinigung von Gichtgas wird stets Wasser in die Gase eingespritzt,
so daß der gesamte Staub in Form von Schlamm den Apparat verläßt.
Die langsame Wellenbewegung der Gase durch den Apparat und die
hohen Umdrehungszahlen begünstigen die zentrifugale Ausscheidung
des Staubes, welche im Quadrat der Winkelgeschwindigkeit zunimmt.

Dieser Apparat erzielte gute Resultate auf der Gutehoffnungshütte,
Oberhausen. Bei einer Leistung von 16000 m³ Gas pro Stunde betrug
der Kraftverbrauch 79 kW, der Wasserverbrauch 1,9 l/m³ Gas. Das
Gas wurde von 2 g/m³ Staub auf 0,036 g/m³ gereinigt (siehe Zahlentafel 29).

Zahlentafel 29. Versuchsergebnisse mit Gasreinigern von Flössel.

Versuch	Leistung des Apparates m³/Std.	Kraftbedarf kW	Wasserverbrauch l/m³	Staubgehalt beim Eintritt des Gases g/m³	Staubgehalt beim Austritt des Gases g/m³
1	20100	83	1,46	3,86	0,040
2	14350	78	2,22	3,11	0,027
3	14350	75	1,57	1,65	0,047
4	14350	73	1,83	1,54	0,028
5	14350	77	2,21	1,01	0,023
6	13750	75	2,24	1,04	0,042
7	14350	77	2,03	0,72	0,027
8	14350	77	2,09	2,72	0,027
9	14350	85	1,09	2,29	0,052
10	20100	82	1,49	2,79	0,060
11	20100	83	1,47	1,94	0,040
12	20100	79	1,49	2,41	0,039
13	14350	81	2,17	1,09	0,022
14	14350	78	2,15	1,90	0,030
ergibt im Durchschnitt:					
	16000	79	1,9	2,0	0,036

Zwei Vergleichsversuche mit einem Theisen- und einem Flössel-
Wascher ergaben folgende Ergebnisse[1]:

Der Theisen-Wascher, direkt gekuppelt mit einem Elektromotor,
für eine normale Leistung von 30000 m³/Stde. reinigte 14875 m³ Gas
in der Stunde mit einem Kraftaufwand von 22 Amp. = 133 PS, einem
Wasserverbrauch von 2,94 l/m³ Gas. Der Staubgehalt des Rohgases von
3,184 g/m³ sank nach der Reinigung auf 0,032 g/m³. Es ergaben sich
also 9 PS für je 1000 m³ Gas.

Der Flössel-Wascher, mit Riemen angetrieben, ergab bei einer
Leistung von 8400 m³/Std. einen Kraftbedarf von 18 Amp. = 108 PS,
einen Wasserverbrauch von 2,67 l/m³, und der Staubgehalt des Gases
sank von 2,3 g/m³ auf 0,012 g/m³. Der Kraftaufwand entspricht also
12,9 PS für je 1000 m³ Gas.

---

[1] Stahleisen 1909, S. 1833.

Bei voller Belastung mit 156 PS Kraftverbrauch war der Staubgehalt 0,141 g/m³ beim Theisen-Apparat, entsprechend 5,2 PS/1000 m³ Gas. Der Flössel-Wascher reinigte 12000 m³/Std. bei 120 PS Kraftverbrauch und 2,24 l/m³ Wasserverbrauch von 3,4 g/m³ auf 0,04 g/m³, entsprechend einem Kraftaufwand von 10 PS/1000 m³ Gas.

In Abb. 25 sind die Vergleichsversuche zwischen Theisen- und FlösselWaschern über Staubgehalt und Wasserverbrauch graphisch dargestellt. Bei obigen Zahlenwerten ist zu beachten, daß der Theisen-Apparat jedesmal die doppelte Gasmenge reinigt als der Flössel-Wascher, was nicht unwesentlich bei dem Vergleich sein darf. Der Kraftverbrauch des Theisen-Waschers pro 1000 m³ ist niedriger, was auch ein Vorteil ist. Ein Nachteil des Flössel-Waschers ist die komplizierte Bauart der Trommel, die sehr leicht zu Verstopfungen und Betriebsstörungen Anlaß gibt, besonders bei Gichtgasen von Hochöfen, die Minette verhütten. Dieser Nachteil der Kompliziertheit und der Betriebsunsicherheit führte dazu, daß die Flössel-Apparate heute nicht mehr gebaut werden.

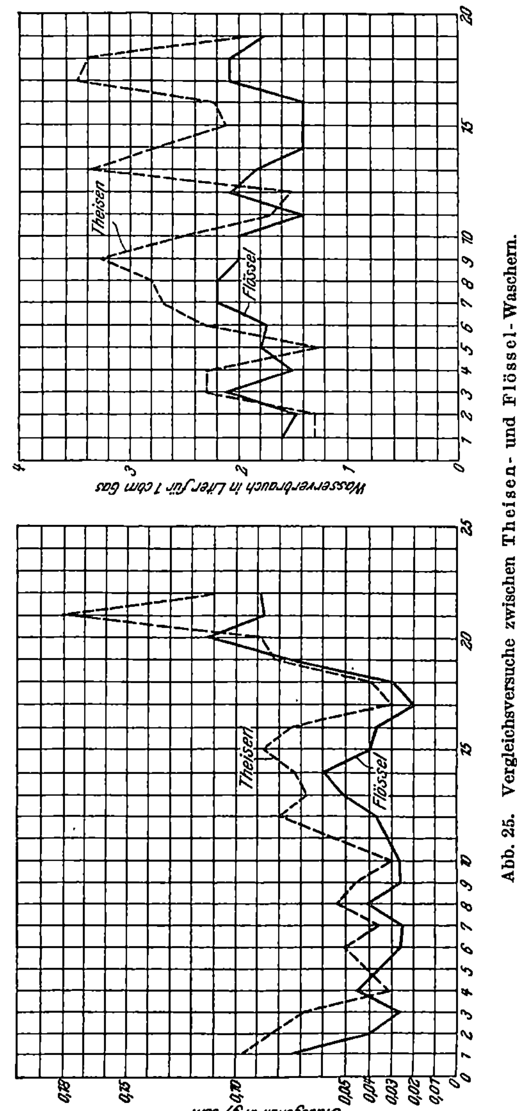

Abb. 25. Vergleichsversuche zwischen Theisen- und Flössel-Waschern.

g) Der Gasreiniger von Freitag-Metzler[1].

Der Gasreinigungsapparat System Freitag-Metzler (Abb. 26) ist ein Filterapparat mit sich stetig langsam drehendem Filtersatz. Die

---

[1] Z. Dampfk. Masch.-Betr. 1919, S. 220/21. — Z. V. d. I. 1921, S. 1265/67.

Drehung des Filterkörpers *a* geschieht durch ein Schneckengetriebe mit Räderübersetzung. Der eigentliche Filterkörper *a* ist ein schmiedeeiserner Ringkörper von rechteckigem Querschnitt, der durch Zwischenräume in einzelne Kammern geteilt ist. Als Filtermaterial kommt Metallgewebe, Stahlspäne oder schichtweise gelegtes, feinmaschiges Streckmetall in Frage.

Konzentrisch zum Filterkörper *a* ist ein Ventilatorflügelrad angeordnet, dessen Durchmesser so gehalten ist, daß zwischen ihm und dem Filterkörper ein größerer Spielraum bleibt. Der rotierende Filtersatz ruht auf Gußnaben im Seitendeckel und Stutzen, reitet also nicht auf der Ventilatorwelle. Nach Abnahme des seitlichen Deckels kann der ganze Filtersatz, sowie das Ventilatorrad seitlich herausgezogen werden. Je nach der Größe der Apparate sind die Lager entweder direkt am Seitendeckel bzw. Eingangsstutzen, oder vom Reiniger getrennt auf besonderen, mit Fundamentplatten verbundenen Böcken angeordnet. Ersteres gilt für die kleineren, letzteres für die größeren Ausführungen. Die Berieselungseinrichtung ist auf dem oberen Deckel, der Gaseintrittsstutzen zentral zur Welle, der Gasaustrittsstutzen an einer oberen Stirnseite angeordnet. Bei den größeren Apparaten sind die zu bedienenden Maschinenteile, wie Lager, Stopfbüchsen usw. durch Podeste

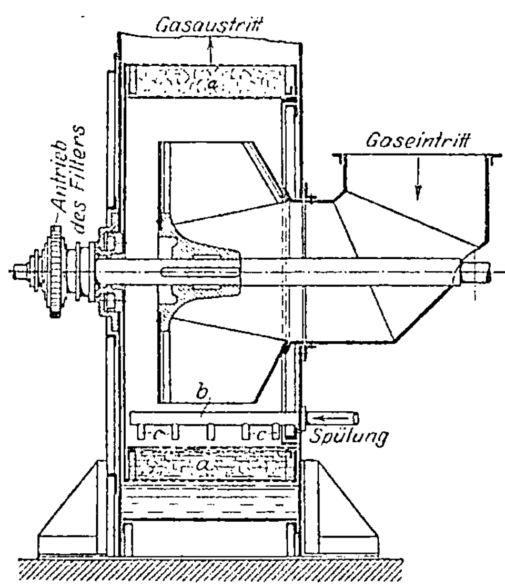

Abb. 26. Gasreiniger System Freitag-Metzler.

aus leichter und bequem abnehmbarer Eisenkonstruktion mit Riffelblechbelag zugänglich. Eine seitlich angebaute Flüssigkeitstasse mit Eintauchung und Auslaufschnabel leitet die Waschflüssigkeit in einen Kanal. Die Geschwindigkeit des Filterkörpers kann innerhalb weiter Grenzen verändert werden. Durch einen seitlichen Deckel kann der Grad der Verschmutzung des Filters beobachtet und danach die Drehgeschwindigkeit des Filters eingestellt werden.

Bekanntlich enthalten die Hochofengase bei nicht sehr tiefer Kühlung nach der Naßreinigung mehr des schädlichen, den Heizwert des Gases stark herabsetzenden Wasserdampfes als vor der Reinigung. Außerdem wird, da das bei der Naßreinigung aufgenommene Wasser nur durch tiefe Kühlung wieder ausgeschieden werden kann, die fühlbare Gaswärme vernichtet. Bei dem System Freitag-Metzler wird bei der Reinigung kein, oder sehr wenig Wasser aufgenommen, und in allen denjenigen Fällen, wo das Gas, von der Erzeugungsstelle kommend, wenig Wasserdampf enthält, dieses im heißen Zustande, also ohne Wärme, verlust gereinigt. Das mit beliebiger, aber kleiner Geschwindigkeit rotierende Filter, dessen Filtermasse automatisch erneuert wird, wird mit nur so viel Waschflüssigkeit beschickt, daß die Filterporen gut geschlossen sind. Als Kühl- und Waschflüssigkeit kommt Wasser in Frage. In das Ventilatorrad wird eine geringe Menge Wasser aufgegeben und im übrigen von oben berieselt. Durch die Zerwirbelung des Wassers im Ventilatorrad und die Mischung mit dem Gas wird die Filterwirkung wesentlich gefördert. Zur Vermeidung von Ansätzen und Verstopfungen, wie sie bei dem, meist stark zur Zementierung und Verkrustung neigenden Staub des Gichtgases auftreten, ist der Laufring für den Filterkörper a so weit nach außen gelegt, daß ein Spritzrohr b zwischen dem Filterkörper und dem Schleuderrad angebracht werden. kann. Durch mehrere kleine Rohre c tritt Spritzwasser in scharfem Strahl aus und hält den Filterkörper rein. Diese Wirkung wird durch die Umfangsgeschwindigkeit (0,5—0,8 m/Sec) unterstützt, bei der zum Antrocknen des Staubes, auch an ziemlich warmen Stellen, nicht genügend Zeit gelassen wird.

Gasreiniger, Gasförderer und Trockner sind in einem Apparat vereinigt. Der Kraftbedarf ist sehr gering. Die Vorzüge des Apparates sind: Einfachheit, geringer Raumbedarf, geringer Waschflüssigkeitsbedarf bei Lieferung von trockenem und heißem Gas.

Die Wirkungsweise des Apparates, die für andere Gase ganz gut sein mag, scheint nach Ansicht des Verfassers nicht geeignet, um die beim Hochofenbetrieb auftretenden gewaltigen Gasmengen von verhältnismäßig sehr hohem Staubgehalt zu reinigen. Die Filtrierung des Gases durch den Filterkörper ist, wie schon im ersten Abschnitt erwähnt wurde, bei Gichtgasen keine zweckmäßige Reinigungsmethode. Ferner wird das Filter, bei der großen Staubmenge, die es aufzunehmen hat, bei halbwegs brauchbarem Reinheitsgrad des Gases, so mit Staub angefüllt, daß es beim einmaligen Umlauf und Bespülen mit Wasser unmöglich völlig gereinigt werden kann, und es somit in kurzer Zeit zu Betriebsstörungen Anlaß geben wird. Es sind solche Apparate besonders für die Gichtgasreinigung konstruiert worden, jedoch sind dem Verfasser keine Versuchsdaten zu Händen gekommen, um den erzielten Reinheitsgrad des Gases feststellen zu können.

<h3 style="text-align:center">h) Der Desintegrator von Dingler[1].</h3>

Der Desintegrator, der in Abb. 27 dargestellt ist, besitzt axial und radial angeordnete Schlagstäbe a bzw. b und einen zwischen beiden eingebauten Ventilator c. Die feststehenden Schlagstäbe des Vorreinigers sind in nur einem, die inneren beweglichen Schlagstäbe umgebenden Kreise angeordnet. Um die Achse d ist eine zur Wassereinspritzung dienende Siebtrommel e gelagert, die so weit aus dem Vorreiniger hinausragt, daß das Wasser im Vorreiniger im Gegenstrom und im Nach-

---

[1] Dinglersche Maschinenfabrik A.-G., Zweibrücken (Pfalz).

reiniger im Gleichstrom zum Gase geführt wird. Der Apparat soll das Gas vor- und feinreinigen und mit Druck weiterleiten.

Die Anordnung des Reinigers scheint ganz gut zu sein. und Verfasser glaubt, daß damit befriedigende Ergebnisse erzielt werden können. Der Apparat ist noch ziemlich neu, so daß noch keine Versuchszahlen vorliegen, die der Öffentlichkeit zugänglich gemacht wurden.

i) Der Gaswascher System Feld.

Der Gaswascher von Feld (Abb. 28) besteht aus einer Gruppe von übereinanderliegenden Zellenwaschern, die durch Öffnungen im Boden miteinander verbunden sind und vom Gas von unten nach oben durchströmt werden. Eine, den ganzen Aufbau in der Achse senkrecht, durchziehende umlaufende Welle trägt in jeder Zelle eine Anzahl konzentrischer Trichter,

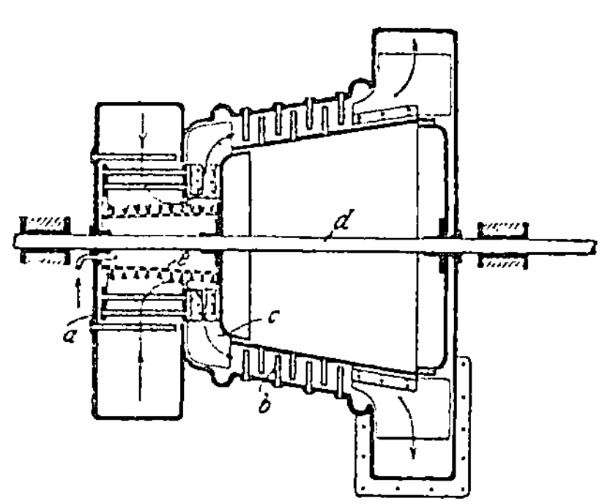

Abb. 27. Desintegrator von Dingler.

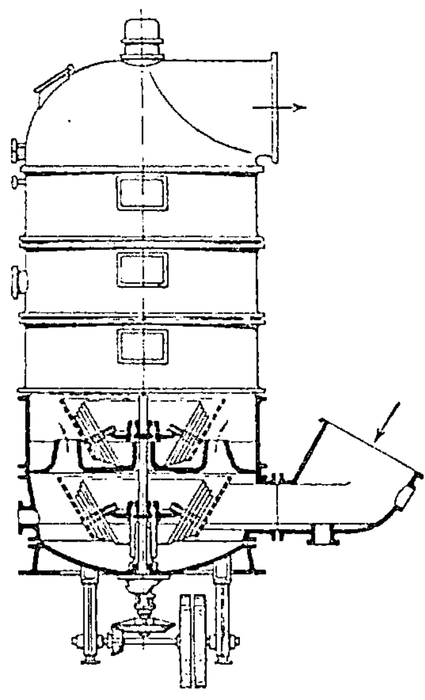

Abb. 28. Gaswascher System Feld.

die das, im Gegenstrom zum Gase, in der obersten Zelle eintretende und von Zelle zu Zelle bis zum unten liegenden Auslauf strömende Waschwasser durch die Fliehkraft auf der inneren Seite hochheben und vom oberen Rande der abgestuften Ringe in Form eines Sprühregens verspritzen. Die Welle dreht sich sehr schnell, und die an ihr befestigten konisch geformten Teilapparate rotieren in der mit Wasser gefüllten Tasse. Das Gas muß wiederholt durch einen Wasserregen hindurchtreten.

Der Wascher von Feld dient zu fast keinem anderen Zweck wie die statischen Kühler auch; er kühlt in der Hauptsache die Gase und reinigt sie auch dabei etwas. Von einer eigentlichen Vorreinigung kann jedoch dabei kaum die Rede sein. Versuchszahlen liegen Verfasser nicht vor, jedoch ist der Effekt dieses Waschers sicher nicht viel größer als der eines statischen Kühlers, wobei der Gaswascher von Feld bedeutend kostspieliger ist und der Kraftbedarf auch ziemlich hoch sein wird.

j) Der Gasreiniger System Hartmann.

Der Gasreiniger Patent Hartmann beruht, ähnlich wie der von Schwarz-Bayer, auf der Desintegratorwirkung und ist in Abb. 29 abgebildet. Das Gas wird durch einen schmalen Ventilatorflügel durch mehrere gelochte Zylinder (Blechmäntel) gesaugt und dabei durch rotierende Schlagstifte intensiv gemischt. Einige Stifte sind hohl und spritzen Wasser gegen die gelochten Blechtrommeln, wodurch dieselben sauber und feucht gehalten werden. Das Gas wird auf die Trommel durch die Zentrifugalkraft aufgedrückt, und der Staub soll sich an das Wasser binden.

Die Resultate sollen nach Angabe des Erfinders bei geringem Kraft- und Wasserverbrauch ganz gute sein. Der Apparat liefert keinen nutzbaren Druck, da der schmale Ventilatorflügel nur so viel Pressung erzeugt, als die Widerstände im Apparat verzehren.

Die Konstruktion scheint nicht besonders betriebssicher zu sein, da trotz der Wasserbespülung die gelochten Blechtrommeln sich doch sehr leicht verstopfen können. Ob überhaupt der Gasreiniger praktische Anwendung gefunden hat, ist Verfasser nicht bekannt.

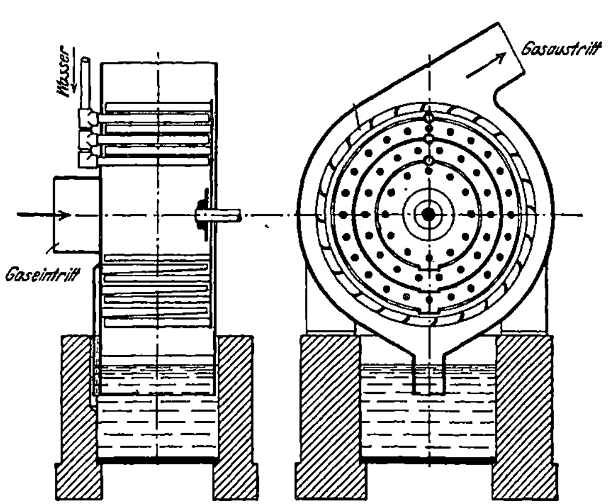

Abb. 29. Gasreiniger Patent Hartmann.

In Amerika strebte man weitgehende trockene Vorreinigung des Gases an[1]. Die Grundlage der älteren Trockenreinigungsverfahren bildet die Anwendung der Schwer- und Fliehkraft. Diese Kräfte suchte man sich dienstbar zu machen durch Verminderung der Gasgeschwindigkeit und Richtungswechsel. Die Trockenreinigungsanlagen arbeiten nicht immer einwandfrei und verursachen dann bei Staubablagerungen Betriebsstörungen, weshalb man die zuverlässigere Naßreinigung in neuester Zeit allgemein vorzieht.

In Amerika, wie auch in England, findet eine so weitgehende Reinigung wie in Deutschland nicht statt[2]. Wenn man sich besonders in Deutschland trotz der im Bau und Betrieb billigeren Trockenvorreinigung doch mehr der Vorreinigung auf nassem Wege zuwandte, so hat dies seinen Grund darin, daß hierbei neben einer guten Reinigung der

---

[1] Stahleisen 1919, S. 1181/82 und 1920, S. 1277 und Chemical and Metallurgical Engineering 1919, S. 359/61.

[2] Stahleisen 1924, S. 1110 und S. 1295/96.

Gichtgase gleichzeitig eine Abkühlung und damit eine Verringerung des Wassergehaltes erzielt wird.

In Amerika werden für die Feinreinigung besonders verwendet die Bauarten von Theisen und Schwarz, ferner die Wascher von Feld, Sépulchre, Fowler & Medley und Reco. Die wichtigsten in den Vereinigten Staaten verwendeten Gasreinigungsapparate sind, außer den schon besprochenen, unter den Buchstaben k) bis q) behandelt.

k) Der Mullen-Reiniger[1].

Der Mullen-Reiniger (Abb. 30) beruht auf dem Grundsatz, den Staub durch Richtungs- und Geschwindigkeitswechsel abzuscheiden, und ihn dann durch Wasser festzuhalten. Das Gas tritt oben durch ein Mittelrohr ein und verläßt den Apparat seitlich. Das Mittelrohr trägt einen Boden, der eine Reihe kurzer, dicht nebeneinander liegender Rohrstutzen zeigt, durch die das Gas in viele Einzelströme zerlegt wird, die infolge der Querschnittsverengung mit erhöhter Geschwindigkeit auf eine darunter liegende Wasserfläche stoßen. Der Staub wird hier zum Teil vom Wasser festgehalten. Es ist klar, daß nur die Oberfläche des Wassers wirksam ist, so daß diese also stets erneuert werden muß, wenn die Staubabscheidung eine dauernde sein soll. Zu diesem Zweck ist in der Mitte des unteren Behälters eine Düse angebracht, die für ständige

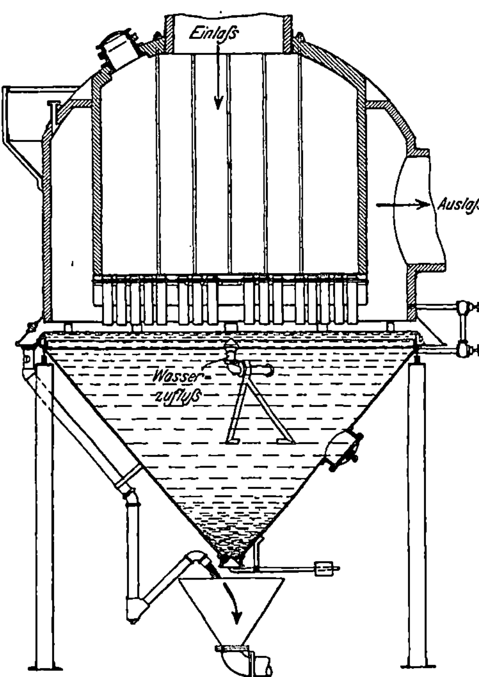

Abb. 30. Mullen-Reiniger.

Zufuhr von Frischwasser sorgt. Das mit Staub beladene Wasser fließt durch Überläufe ab, während die schweren Staubteilchen nach unten sinken. Der sich in dem trichterförmigen Unterteil des Apparates ansammelnde Schlamm kann nach Bedarf durch einen Kegelverschluß abgezogen werden.

Dieser Apparat kann natürlich nur für eine grobe Vorreinigung in Frage kommen, wie sie die Kühler auch bewirken, nur wird bei dem Mullen-Wascher das Gas nur sehr gering gekühlt. Eine in Betrieb

---

[1] Metallurgical Chem. Engg. 1914, S. 689.

genommene Anlage in Ohio verminderte den Staubgehalt des Rohgases um etwa ⅔, was dem Effekt der in Deutschland gebräuchlichen Kühler etwa gleichkommt.

l) Der Brassert-Witting-Reiniger.

Der Brassert-Witting-Reiniger gehört, wie aus Abb. 31 zu ersehen ist, zu der Klasse der Fliehkraftreiniger. Er besteht aus einem senkrechten zylindrischen Gehäuse und einem in dieses hineinragenden Rohr, aus dessen oberem Ende das Gas abgeleitet wird. Das innere Rohr ist an seinem unteren Ende kegelig erweitert. An der Innenwand des Gehäuses sind eine Anzahl eiserner Stoßflächen angebracht. Das Gas tritt tangential im oberen Teil des Apparates ein und durchströmt in drehender Richtung den zwischen den beiden Rohren liegenden Ringraum. Beim Auftreffen auf die Stoßflächen wird der Staub durch die Fliehkraft im Verein mit der Reibung aufgehalten. Infolge der allmählichen Querschnittsverringerung des Ringraumes nimmt auch die Geschwindigkeit und damit die entstaubende Wirkung der Fliehkraft zu und erreicht ihren Höchstwert am Unterrande des Innenrohres. Von hier aus wird die Geschwindigkeit rasch auf das Mindestmaß verringert, und

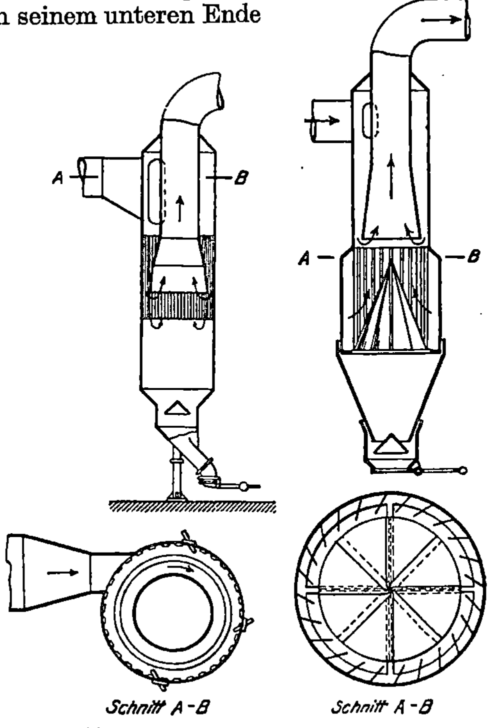

Abb. 31. Brassert-Witting-Reiniger.

gleichzeitig tritt ein Richtungswechsel ein. Die von den Stoßflächen aufgefangenen Staubteilchen fallen an diesen herunter in den Staubsammelraum.

Der verbesserte Gasreiniger will durch Vermeidung von Wirbelbildungen wirkungsvoller arbeiten.

m) Der Dyblie-Reiniger.

Bei dem Dyblie-Reiniger beruht die Trennung des Staubes vom Gichtgas ebenfalls auf der Einwirkung der Flieh- und Schwerkraft. Ein Vorteil dieses Reinigers liegt darin, daß keine scharfen Richtungsänderungen und Krümmungen des Gasweges eintreten, wodurch Wirbelungen, die den abgesetzten Staub wieder mitnehmen, vermieden werden.

Der Reiniger (Abb. 32) besteht aus einer nach unten zu geöffneten Spiralleitung. Das Gas tritt oben tangential ein und strömt durch den ersten Teil der Spirale mit verhältnismäßig großer Geschwindigkeit. Es erfolgt dadurch eine Abscheidung der besonders schweren Staubteilchen. Von Punkt C aus erweitert sich der Leitungsquerschnitt, es vermindert sich also die Geschwindigkeit, wodurch eine weitere Abscheidung des leichteren Staubes ermöglicht wird. Das äußere Eintrittsrohr liegt auf gleicher Höhe mit der inneren Austrittsöffnung, so daß das Gas keine Ablenkung in senkrechter Richtung erfährt, und der Staub sich nur unter dem Einfluß der Flieh- und Schwerkraft ungehindert nach unten ausscheiden kann.

Wie die Erfahrung zeigt, genügt eine Reinigung nach dem Verfahren von Brassert-Witting oder Dyblie auch als Vorreinigung nicht, besonders nicht bei Hochöfen, die mit feinem Erz arbeiten müssen. Der gewöhnliche Staubgehalt nach Verlassen einer solchen Trockenreinigung obiger Verfahren beträgt je nach den Betriebsbedingungen 2,3 bis 7,0 g/m³. Diese Zahlen zeigen, wie schlecht diese Art der Trockenreinigung ist; reinigt doch ein gewöhnlicher Staubsack, der billiger kommt als obige Apparate, das Gas viel besser und ist im Betrieb anspruchsloser.

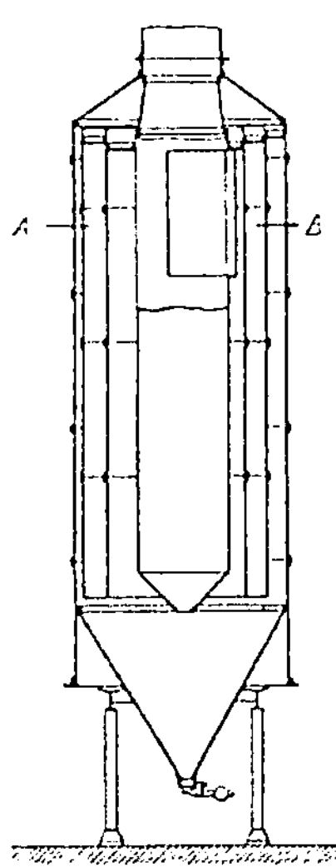

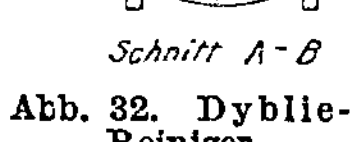

Abb. 32. Dyblie-Reiniger.

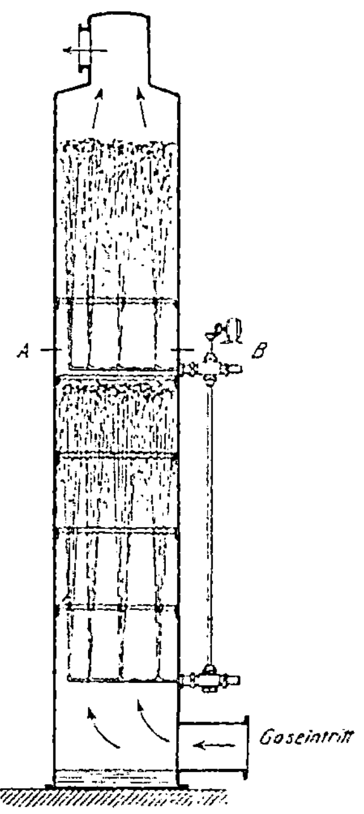

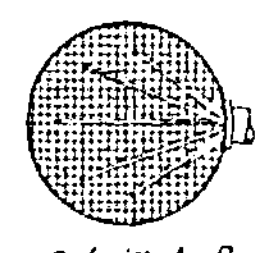

Abb. 33. Duquesne- und Steinbart-Reiniger.

n) Der Duquesne- und Steinbart-Naßreiniger.

Die Wirkungsweise des Naßreinigers von Duquesne und Steinbart (Abb. 33) besteht in der Erzeugung eines feinverteilten Sprühregens. Ein Gehäuse von 24 m Höhe und 3,6 m Durchmesser enthält 5 Lagen von doppelten Sieben, die in Abständen von 2,5 m voneinander angebracht sind. Unter der ersten und unter der letzten Lage sind gleichmäßig verteilte Spritzdüsen angeordnet, bei denen der Wasserzufluß durch ein außen angebrachtes Ventil geregelt wird. Die Zuleitungen zu den Spritzdüsen werden alle 2 Sekunden durch eine geeignete Vorrichtung abwechselnd geöffnet und geschlossen, wodurch das Gas besonders gut durchgewaschen werden soll. Für den Antrieb der Wasserregelungsvorrichtung zweier Waschtürme genügt ein 5 PS-Motor. Die über den Düsen angebrachten Siebe zerstäuben das Wasser in feine Tropfen. Bei diesem Verfahren strömt das Gas mit einer Geschwindigkeit von 1,2 m/sec durch den Wascher, während das Wasser mit 2,5 Atm. Druck und 18 m/sec Geschwindigkeit eingespritzt wird. Die Kühlung des Gases ist eine sehr wirksame. Die Temperatur des ausströmenden Gases ist nur 3—4° höher als die des eingespritzten Wassers, wobei der Feuchtigkeitsgehalt den Sättigungszustand nur um 1,1 g/m³ übersteigt.

Dieser Apparat eignet sich auch nur für die Vorreinigung des Gases und der erzielte Reinheitsgrad des Gases wird nicht höher sein, wie der von Zschocke- oder Kubierschky-Kühlern.

o) Der Gaswascher von Fowler-Medley.

Der Gaswascher von Fowler & Medley, der in England und Amerika vielfach angewandt wird, besteht aus einem eisernen Zylinder mit senkrecht umlaufender Achse, auf der eine Anzahl Scheiben, durch besondere Lagerringe voneinander getrennt, in kleinen Abständen befestigt sind. Die umlaufende Welle wird durch einen senkrechten Motor direkt angetrieben. In die Zwischenräume zweier umlaufender Scheiben ragen je zwei einander gegenüberliegende Spritzdüsen von 3 mm Durchmesser hinein. Das Wasser prallt auf die Lagerringe der Achse auf und wird an die obere und untere Fläche des Scheibenpaares geschleudert und von hier aus durch die Fliehkraft in Form von feinen Wasserscheiben an den Umfang des einschließenden Zylinders zurückgeworfen. Das von unten her in den Wascher eintretende Gas durchströmt die horizontalen Wasserscheiben und tritt oben aus.

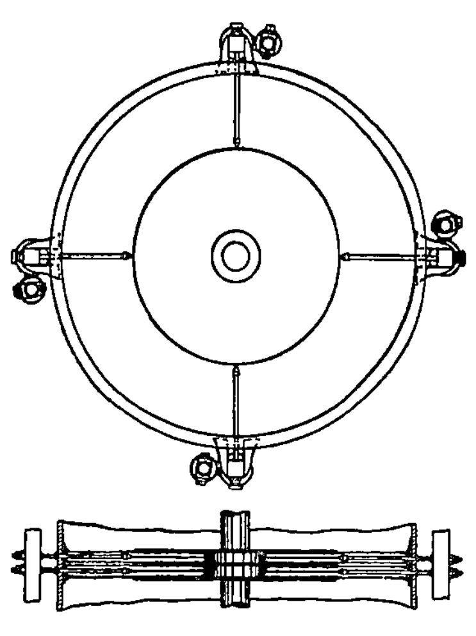

Abb. 34. Querschnitt und Einzelheit zum Fowler-Medley.-Gaswascher.

In Abb. 34 ist ein Teil des Zylinders mit den Spritzdüsen und den Scheiben gezeichnet, aus der die Wirkungsweise des Apparates gut ersichtlich ist.

Die Wirkungsweise dieses Apparates ist doch nicht eine so intensive, wie sie durch die Schlagstäbe der Desintegratoren erfolgt. Das Gas wird nicht so innig mit dem Wasser vermischt. Ein weiterer Nachteil ist der, daß dieser Apparat dem Gas keinen Druck verleiht, wie er bei den Theisen-Apparaten oder sonstigen besprochenen Gasreinigern erfolgt. Über den Reinheitsgrad des Gases ist nichts Näheres bekannt.

p) Der Reco-Gaswascher.

Der Reco-Gaswascher dient zum Kühlen, Reinigen und nötigen-
falls auch zum Trocknen des Gases. Der Aufbau ist aus Abb. 35 ersichtlich. Innerhalb des Gehäuses H befindet sich ein Rohrstück B, dessen

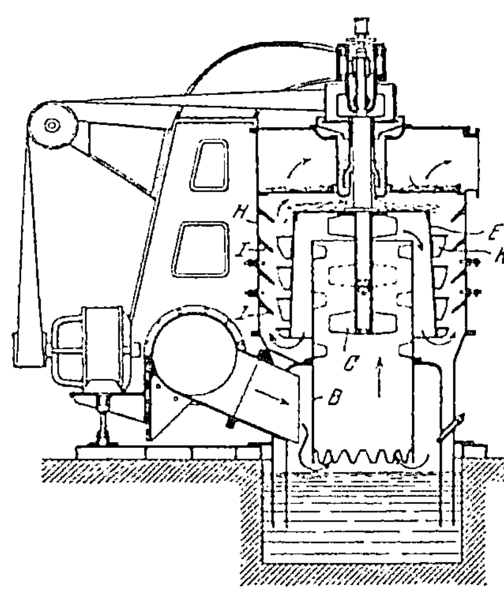

unteres Ende mit Zacken versehen
ist, die bis auf einige Zoll auf
den Wasserspiegel eines Wasser-
behälters hinabreichen. Von oben
ist in das Gehäuse eine senkrechte,
kugelgelagerte Welle eingeführt,
die die Haube E und die Flügel C
trägt. Die Flügel ragen in das
Rohr B hinein, während die Haube
E in den Zwischenraum zwischen
Rohr und Gehäuse hineinragt.
Sowohl die Innenwände des Gehäuses, als auch die Haube sind
mit Prallflächen versehen. Das
Gas tritt von unten über dem
Wasserbecken in den Wascher ein,
sättigt sich daselbst mit Wasser und
durchströmt hierauf die Zacken des
Rohres B. Der entstehende Wasser-

Abb. 35. Reco-Gaswascher.

dampf wird durch die Drehung der Flügel C innig mit dem Gas vermischt. Dann strömt das Gas in den Ringraum zwischen Haube E und
Gehäuse H. Die Haube ist außen mit wagrechten Ringen K versehen,
und der äußere Mantel besitzt auch eine Reihe solcher Ringe I, die jedoch
schräg nach unten geneigt sind. Das von oben auf die Außenseite der
Haube fallende Wasser wird durch die Drehung derselben auf die Stoßflächen I geworfen, und fällt hierauf über die geneigten Flächen auf den
nächsttieferen umlaufenden Ring K, der es von neuem auf die Flächen I
wirft. Das Gas tritt somit abwechselnd durch verschiedene Wasserschleier und verliert so seinen Staubgehalt. Der obere Teil des Gehäuses
H ist mit einem Rost abgedeckt, der es ermöglicht, durch eine passende
hygroskopische Filtermasse das Gas vor dem Verlassen des Apparates
zu trocknen. Der Apparat ist ziemlich kompliziert, jedoch mag er ganz
zufriedenstellend arbeiten. Es ist nur noch ein Ventilator nötig, der
das Gas ansaugt, bzw. ihm den nötigen Druck gibt. Der Reinigungs-
grad des hiermit gereinigten Gichtgases ist jedenfalls nicht sehr hoch.
Versuche liegen bis jetzt noch nicht vor.

q) Der Gasreiniger System Sépulchre.

Der schwere Staub wird bei dem System Sépulchre, wie fast überall,
in einem Staubsack A (Abb. 36) abgeschieden; dann streichen die Gase
durch den Skrubber B und werden darauf in einem besonderen Apparat
C durch Wasser, das mittels unter Druck eingeleitetem Reingas zerstäubt wird, angefeuchtet und gekühlt. Dieser wesentliche Teil des
Systems Sépulchre ist ein Körtingscher Injektor, durch den das

Waschwasser mit hochgepreßtem Reingas eingeblasen, und mit dem Rohgas innig vermischt wird. Die Gase werden dann durch ein Filter D gedrückt, wobei die trübe, staubhaltige Waschflüssigkeit abfließt. Ein

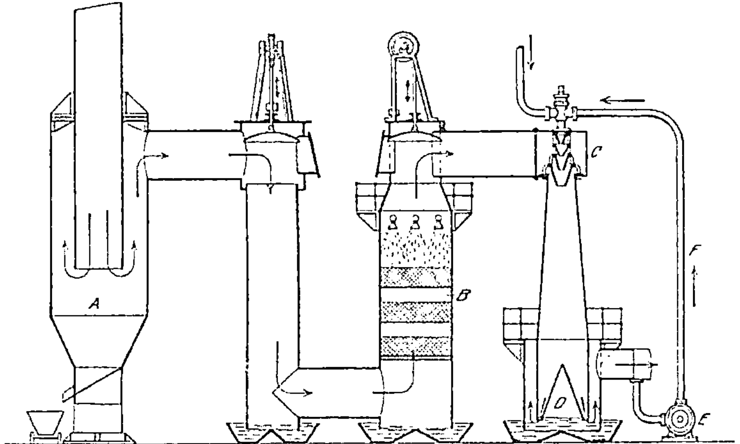

Abb. 36. Gasreiniger System Sépulchre.

Teil der Reingase wird bei E komprimiert und gelangt durch die Leitung F wieder nach C.

Die auf einem französischen Werk erreichte Reinheit des Gases betrug 0,03 g/m³.

Das Mischen des Gases mit dem Wasser mittels Druck mag ganz gut sein, jedoch das Filter zum Trocknen des gereinigten Gases führt zu Betriebsstörungen, wie sie bei jeder derartigen Anordnung vorkommen. Außerdem ist der Apparat C der Verstaubung sehr leicht ausgesetzt, so daß dieser nicht immer einwandfrei arbeiten wird.

r) Das Smith-Bagley-Verfahren.

Eine Abänderung des Halberger Verfahrens, das Smith-Bagley-Gasreinigungsverfahren (Abb. 37), ist in England vorgeschlagen worden,

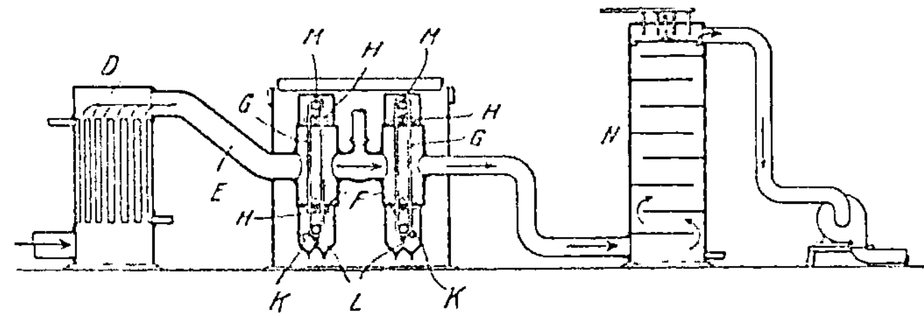

Abb. 37. Smith-Bagley-Reinigung.

ohne jedoch praktische Bedeutung erlangt zu haben. An Stelle der Filterschläuche wird hier ein bewegliches Gewebe aus Segeltuch oder ähnlichem Material verwendet. Die Kühlung der Gase nach dem Verlassen der Staubsäcke soll durch Kühlrohre im Kühler D erfolgen, und zwar so, daß die Temperaturschwankungen selbsttätig durch Vergrößern oder Verkleinern der Kühlflächen ausgeglichen werden. Die Größe der Kühlflächen wird durch elektrisch angetriebene Drosselklappen geregelt. Nach der Kühlung gelangt das Gas durch die Leitung E in den eigentlichen Reinigerraum F. Die Filter G bestehen aus einem endlosen Band von Filtergewebe. Dieses Band bewegt sich, angetrieben durch die Rollen M, senkrecht zur Durchströmungsrichtung des Gases. Die beweglichen Gewebe, die den Gichtstaub zurückhalten, sind am Ein- und Austritt aus dem Reinigerraum durch passend eingebaute Rollen H gegen den Gasraum hin abgedichtet. Beim Verlassen des Filterraumes tritt das mit Staub beladene Filterband in den Bereich des magnetischen Feldes eines Scheiders K, in dem die metallischen und magnetischen Staubteilchen abgeschieden werden und in einen besonderen Behälter gelangen. Das Filterband bewegt sich dann gegen mehrere in einer Reihe nebeneinander liegende Vakuumstaubsauger L, die eine völlige Reinigung des Bandes bewirken, so daß das Band beim Wiederaufsteigen vollkommen staubfreie Poren besitzt. Der zum Durchströmen des Gases durch das Gewebe erforderliche Überdruck kann in gewissen Grenzen durch die Umlaufgeschwindigkeit des Gewebes geregelt werden. Nach dem Verlassen des Filterapparates F wird das Gas auf die für den Gasmaschinenbetrieb gewünschte Temperatur in dem Kühler N herunter gekühlt und sodann noch mit dem gewünschten Überdruck durch einen Ventilator weitergeleitet. Das Verfahren, obwohl es dem Halberger Verfahren in manchem ähnelt, ist doch bedeutend anders geartet, als jenes. Die Kühlung, und die Regulierung derselben durch die Kühlrohre im Kühler D, dürfte schon manchen Schwierigkeiten begegnen.

Ferner wird die praktische Durchführung des theoretisch so schön dargestellten Filterapparates F sehr schwer zu bewerkstelligen sein, weshalb das Verfahren auch nicht angewandt werden konnte und über einige Anfangsversuche nicht hinauskam.

s) Der Gasreiniger von Lier.

Das zu reinigende Gas wird in eine liegende Kammer a (Abb. 38) geleitet, in der es durch am Boden und an der Decke angeordnete Wasserdüsen b mit Feuchtigkeit gesättigt wird. Es gelangt hierauf in eine Mischkammer c, in der Wände d eingebaut sind, die das Gas-Wassergemisch mehrfach stark ablenken. Hieran schließt sich eine Kühlkammer e mit am Boden und an der Decke eingebauten Kühldüsen f. In diesem Raum wird das Gas bis unter den Taupunkt abgekühlt. Zur vollständigen Reinigung dient noch das mit Wasserkühlung versehene Filter g.

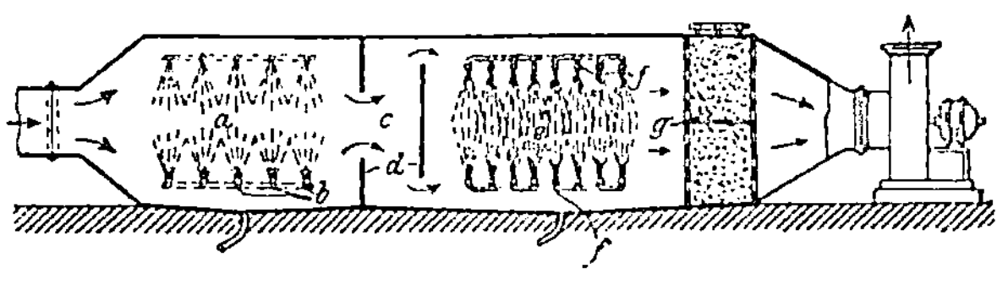

Abb. 38. Gasreiniger, Patent Lier.

Der Apparat ist für einen Wascher zur Vorreinigung und Kühlung geeignet, jedoch führt das am Schluß eingebaute Filter *g* nur zu Betriebsstörungen. Der Reinheitsgrad des Waschers wird etwa dem eines statischen Kühlers entsprechen.

t) Der Gasreiniger Patent Fasel.

Die vom Hochofen kommenden Gichtgase werden aus dem Rohr *a* (Abb. 39) in hintereinander geschaltete Rohre *b*, *c* und *d* geleitet, die gegen die Wagrechte geneigt, unten offen und mit senkrechten Kammern oder Fallrohren *e* verbunden sind. Die Rohre *b*, *c* und *d* sind durch ebenfalls geneigte Krümmer *f* und *g* miteinander verbunden.

Bei diesem Gasreiniger kann man keine große Reinheit des Gases erwarten, da er sehr primitiv ist. Der erzielte Reinheitsgrad wird der einer groben Vorreinigung gleichkommen, wobei jedoch bei dem Apparat von Fasel leicht Verstopfungen in den Krümmern *f* und *g* erfolgen können; mindestens nimmt der Gasstrom einen Teil des

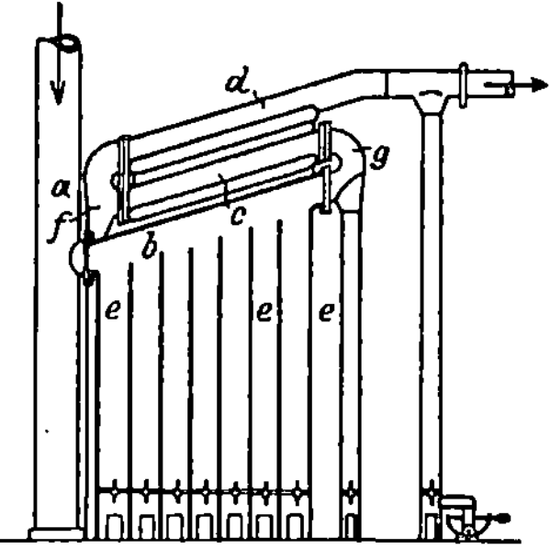

Abb. 39.   Gasreiniger Patent Fasel.

in *f* und *g* abgelagerten Staubes wieder mit, wobei sein Staubgehalt wieder vermehrt wird.

u) Der Gaswascher von Nisbet.

Der Gaswascher von Nisbet, der hauptsächlich zum Vorreinigen der Gichtgase dient, ist in Abb. 40 dargestellt.

Der Apparat wird durch mehrere ineinander angeordnete mit Steinen und Zement bekleidete Blechbehälter gebildet. Das vom Hochofen

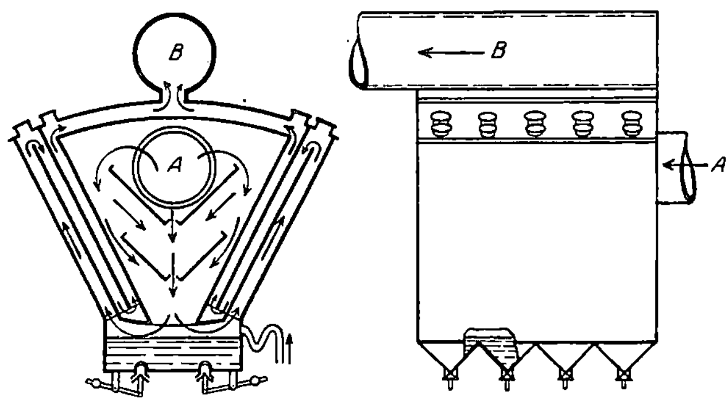

Abb. 40.   Gaswascher von Nisbet.

kommende Gichtgas gelangt durch das Rohr *A* in den innersten Teil des Reinigers, wo durch die plötzliche Verlangsamung der Bewegung die schweren Staubteilchen sich absetzen. Über dem auf dem Boden des Kastens ständig zu- und abfließenden Wasser steigen die Gase an der Außenwand entlang nach oben (siehe die Pfeilrichtungen) und noch einmal nach unten, wobei sie durch Wasser, das in feinem Strahl aus durchlochten Röhren ausströmt, gewaschen werden. Nach einem letzten Aufstieg an der Innenwand, die zugleich zur Abkühlung der ungereinigten, wie zur Erwärmung der gereinigten Gase dienen soll, verlassen die Gase den Apparat bei *B*.

Der Wascher ruht auf eisernen Stützen, so daß der Schlamm bequem durch die unteren Klappen in bereitgestellte Wagen abgelassen werden kann.

Die Abkühlung des Gases wird durch die geringe Berührung mit dem Wasser nicht sehr tief betrieben werden können, und der Reinheitsgrad des Gases ist verhältnismäßig sehr schlecht, so daß der Apparat nur für die Reinigung der Gichtgase zum Beheizen der Winderhitzer und Kessel geeignet sein könnte; jedoch verwendet man neuerdings auch für diese Zwecke fast nur noch feingereinigtes Gas, und deshalb wird dieser Apparat nicht mehr gebaut.

v) Der Gaswascher von Sahlin.

Der Sahlinsche Gaswascher gehört zu den langsam rotierenden Gasreinigungsapparaten. Er besteht aus einem horizontalen, zylindrischen Mantel, in dem, parallel der Achse, aber etwas unterhalb derselben, eine horizontale Welle angeordnet ist (Abb. 41). Auf dieser Welle sitzen wechselweise Arme, die zusammengenietete Ringe von doppeltem Winkeleisen tragen, und volle Blechscheiben, an deren Umfang ähnliche Winkelringe befestigt sind. Zwischen den Winkeleisen der Arme und denjenigen der vollen Scheiben befinden sich gelochte Bleche, die den Umfang einer Trommel bilden. Die länglich gestalteten Löcher sind an demjenigen Ende des Zylinders, an dem das Gas eintritt, am weitesten und werden dem Austragsende zu enger. Zwischen dem äußeren Mantel und der inneren rotierenden Trommel befindet sich ein hufeisenförmiger Raum, der oben am weitesten ist. Dicht hinter dem Rand jedes Speichenringes wird dieser Raum durch Seitenwände aus Blech, die an dem Mantel des Apparates festgenietet sind, in verschiedene Abteilungen geteilt, so daß der offene Raum zwischen Mantel und Trommel nahezu geschlossen ist. An den von den Speichen und den Scheiben getragenen Winkeleisen ist eine Anzahl spiralförmig gebogener Flachstäbe oder Schaufeln befestigt, die fast bis an den Boden des Mantels reichen. Nahe der Eintrittsöffnung für das Gas befindet sich die mit Wasserverschluß versehene Austragsöffnung für den Staub. An dem Boden des Mantels ist ein Ventil zur Entleerung des Apparates vor-

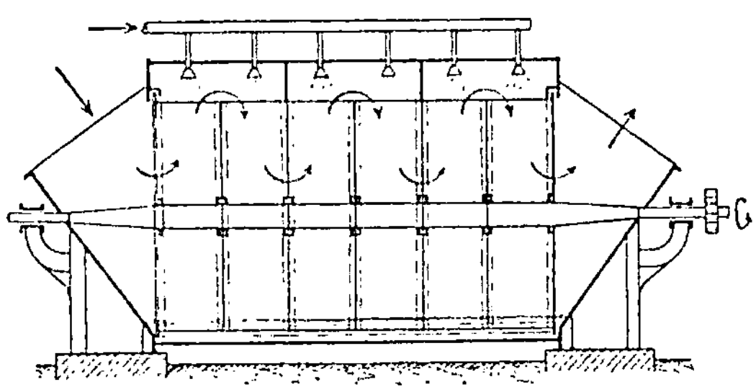

Abb. 41.   Gaswascher von Sahlin.

gesehen. Längs der Oberseite des Mantels sind drei Reihen Brausen angeordnet, aus welchen auf die obere Seite der rotierenden Siebe ein dichter Sprühregen fällt. Wenn das Gas von oben durch den äußeren Mantel des Apparates eintritt, gelangt es zunächst zwischen den Speichen, welche den ersten Winkeleisenring tragen, hindurch, bis es gegen die erste volle Scheibe stößt. Der einzige Durchgang, der sich ihm bietet, führt durch die Öffnungen der Trommel, in denen es auf einen starken Sprühregen trifft. Zu gleicher Zeit wird der Gasstrom in einer dünnen Schicht in dem hufeisenförmigen Raum zwischen den beiden Zylindern ausgebreitet und rückt außen über die erste volle Scheibe hinweg vor, bis er gegen die erste hufeisenförmige Scheidewand trifft, die ihn zwingt, wieder in das Innere der Trommel hinter der ersten Scheibe einzutreten. (Siehe die in Abb. 41 gezeichneten Pfeilrichtungen.) Der Staub setzt sich in dem auf dem Boden des Mantels befindlichen Wasser ab, und wird durch die spiralförmigen Schaufeln nach der oben erwähnten Austragsöffnung bewegt, wo er automatisch entfernt wird. Da die Abmessungen der Trommel, der Sieböffnungen und des hufeisenförmigen Raumes gegenüber dem Querschnitt des Zuleitungsrohres sehr groß sind, wird die Gasgeschwindigkeit sehr vermindert. Die Trommel macht etwa 6 Umdrehungen in einer Minute. Zur Erzeugung eines gleichmäßigen Gasstromes ist noch ein Ventilator notwendig. Das Gas kommt vom Hochofen erst durch Staubsäcke in den Wascher, dann in den Ventilator, und dieser drückt das Gas in einen Trockenturm, der mit großstückigem Koks gefüllt ist, und so dasselbe vom Wasser befreit wird.

Zur Verwendung für Gasmaschinen genügt dieser Wascher nicht, sondern er reinigt das Gas nur vor. Diese Anlage ist also sehr umständlich, platzraubend und teuer, so daß sie kaum für eine wirtschaftliche Gasreinigungsanlage in Frage kommen dürfte,

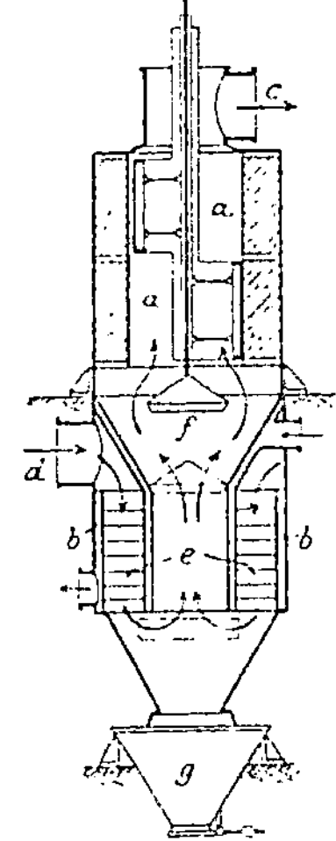

Abb. 42. Gasreiniger Patent „Demag".

w) Der Gasreiniger Patent „Demag".

Die deutsche Maschinenfabrik A.-G., Duisburg, hat in neuester Zeit einen Gasreiniger (D. R. P. 348203 und 349665, Klasse 12e, Gr. 2) konstruiert, der sich besonders zum Reinigen von Hochofengas eignen soll. In Abb. 42 ist er dargestellt; hier ist die Filter- und Vorwärmeinrichtung zu einem einzigen zusammenhängenden Apparat vereinigt. Das Gichtgas tritt durch den Stutzen d in den Vorwärmer b ein, durchströmt in der angegebenen Pfeilrichtung das Heizrohrsystem e, den Abschlußkonus f und den unmittelbar anschließenden Filterapparat a und verläßt denselben durch den Stutzen c.

Der Staub fällt in den Staubbehälter g.

Beim zweiten Patent (349665) ist die erste Ausführung dadurch etwas anders ausgestaltet, daß der Vorwärmer b oberhalb des Filters a angeordnet ist. Die Rohgase werden hierbei von oben durch dort angebrachte Stutzen eingeführt. Dadurch wird vermieden, daß der ausgeschiedene in den Staubbehälter *g* fallende Staub mit dem Rohgasstrom in Berührung kommt.

Über die Ergebnisse dieses Reinigers ist noch nichts Näheres bekannt, ebensowenig über die genauere Beschaffenheit der Vorwärm- und Filtereinrichtungen, so daß noch kein Urteil über dessen Brauchbarkeit gefällt werden kann.

x) Der Gasreiniger Patent „Dortmunder Vulkan".

Auch die Firma **Dortmunder Vulkan A.-G.**, Dortmund (früher **Louis Schwarz & Co., A.-G.**, Dortmund) hat sich ein Patent über Neuerungen an Gasreinigern erworben. Dieses Patent (D. R. P. 341 321, Kl. 12e, Gr. 2) erstreckt sich auf einen Gasreinigungsdesintegrator mit gegenläufigen Zerstäubungstrommeln (Abb. 43).

Diese Trommeln erhalten ihre Gegenläufigkeit durch einen einzigen Antrieb *a* mit zwangsläufigem Zwischengetriebe in Form eines Zahnräderwendegetriebes *b*, dessen gegenläufig angetriebenes Rad *c* am Ende der sich in das Innere des Gehäuses erstreckenden Hohlwelle *d* sitzt. Hierdurch ist es möglich, beide Wellen auf nur zwei Lager abzustützen, die Last auf diese kurze Welle gut zu verteilen und für beide Trommeln einen Gegenlauf mit gleicher Geschwindigkeit zu sichern, wobei die ganze Anlage eine kurze Baulänge erhält. Dieses Patent scheint ganz gut zu sein, da es sicher vorteilhaft ist, wenn die beiden gegenläufig rotierenden Schlagtrommeln sich mit gleicher Geschwindigkeit bewegen, jedoch ist es nicht von ausschlaggebender Bedeutung für die Wirkungsweise des Gasreinigers.

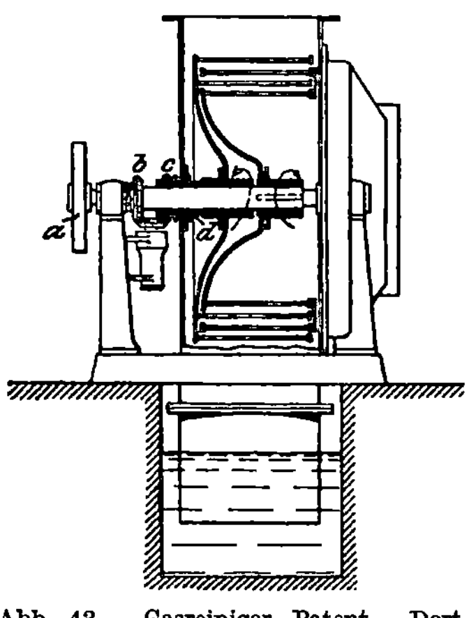

Abb. 43. Gasreiniger Patent „Dortmunder Vulkan".

y) Der Gasreiniger Patent Besta.

Ein weiteres Patent (D. R. P. 339 692 Kl. 12e Gr. 2) ließ sich **Paul Besta** in Ratingen bei Düsseldorf auf ein Verfahren zum Reinigen von Hochofen- und Generatorgas mittels bewegter Filterschichten aus körnigem Material geben.

Das Verfahren (Abb. 44) beruht darauf, daß das Gas ohne Temperaturverminderung dadurch in stetigem Betrieb gereinigt wird, daß es in der Pfeilrichtung *b—c* durch körniges Filtermaterial hindurchgeleitet wird, das dann sofort innerhalb des Gasraumes bei *d* wieder durch Rütteln vom Staub befreit wird. Zur letzten völligen Entstaubung des Filtermaterials benutzt man einen Zweigstrom des schon gereinigten Gases, der zu diesem Zweck durch den Stutzen *a* nochmals durch das verschmutzte Filtermaterial zurückgeleitet wird.

Obwohl noch keine näheren Angaben über den erzielten Reinheitsgrad dieses Verfahrens vorliegen, ist Verfasser der Ansicht, daß das Gichtgas nur äußerst mangelhaft auf diese Art gereinigt werden kann, denn die große Gasmenge, wie sie beim Hochofenbetrieb vorkommt, und der verhältnismäßig hohe Staubgehalt derselben kann beim Durchlaufen dieser Filterschicht allein nicht gut gereinigt werden. Ferner wird die Entstaubung des Filtermaterials auch manche Schwierigkeiten bereiten. (Die Reinigung von Generatorgas mittels dieses Apparates wird sicher auch auf erhebliche Schwierigkeiten stoßen, da der im Generatorgas sich befindliche Teergehalt die Reinhaltung des Filtermaterials außerordentlich schwierig gestaltet.)

Von den vielen Patenten, die auf dem Gebiete der Gichtgasreinigung erworben wurden, werden es verhältnismäßig nur sehr wenige sein, die über die ersten Versuche in der Praxis hinauskommen, und einen sicheren Platz unter den bestehenden und sich bewährenden Gasreinigungsapparaten einnehmen werden; denn gerade auf dem Gebiet der Hochofengasreinigung, mit den gewaltigen Gasmengen, die dabei vorkommen und den großen Ansprüchen, die in neuerer Zeit an eine wirtschaftliche Anlage gestellt werden, erscheint eine Erfindung vielleicht in der Theorie, oder bei deren Versuch mit kleinen Gasmengen ganz brauchbar, und sobald aber der Apparat die großen Mengen Gichtgas bewältigen soll, treten Störungen und Hindernisse auf, die vorher bei den Versuchen mit geringen Gasmengen nicht vorauszusehen waren, und die deshalb den Apparat für die Gichtgasreinigung unbrauchbar machen.

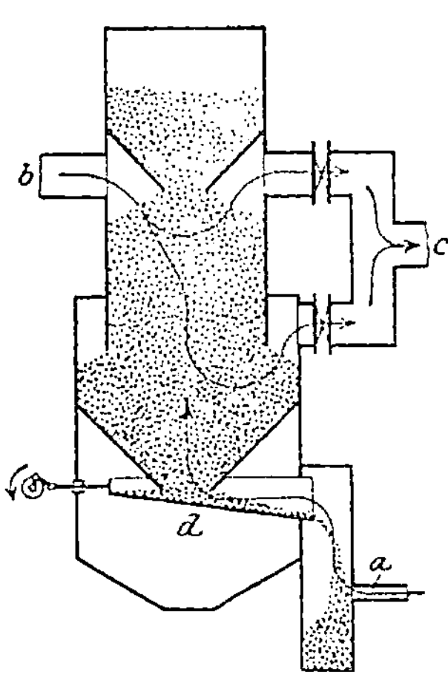

Abb. 44.   Gasreiniger Patent Besta.

Außer den besprochenen Gasreinigern sind noch viele Patente auf andere Apparate erteilt worden, auf deren Erwähnung aber verzichtet werden soll, da sie keine größere Rolle spielen.

z) Das Reinigen des Gases mittels Ventilatoren.

Durch Zufall fand man in Düdelingen vor längerer Zeit, daß sich ein gewöhnlicher Ventilator ebenfalls gut zur Vorreinigung des Gichtgases eignet, wenn man in denselben Wasser einspritzt. Diese Ventilatoren unterscheiden sich in ihrer Konstruktion nur von den gewöhnlichen zur Fortbewegung von Luft oder Gas benutzten Ventilatoren durch die meist kräftigere Ausführung der Flügel und Lager in Rücksicht auf die Wassereinspritzung und die höhere Temperatur des Gases. Sie sind in der Saugöffnung mit einer Wasserzuführung und einer Einrichtung versehen, um das Wasser nach dem Eintritt zu zerstäuben, so daß es einen feinen Schleier bildet, durch welchen das angesaugte Gas strömen muß. Die Abscheidung der vereinigten Staub- und Wasserteilchen geschieht durch die Zentrifugalkraft durch welche diese Teilchen in den inneren Umfang des Ventilatorgehäuses geworfen werden. Der Reinigungsvorgang ist also ein ganz ähnlicher wie im Theisen-Wascher, nur ist beim Ventilator kein so langer Gas- und Wasserweg zur gegenseitigen Einwirkung vorhanden, weshalb die Reinigung des Gases nicht so gut ist. Im Dauerbetrieb eignen sich Ventilatoren zum Gasreinigen nicht, da sie keine dauernd gleichmäßige Gasreinheit liefern und hohe Betriebskosten verursachen.

Ein Ventilator reinigt das Gas auf etwa 0,25 g/m³ und zwei hintereinander geschaltete auf etwa 0,04—0,09 g/m³. Man braucht also für den Dauerbetrieb und einen Reinheitsgrad von 0,02 g/m³ drei Waschr ventilatoren oder einen Theisen-Apparat; dabei ist der Kraftverbrauch der drei Ventilatoren mindestens 2 mal so hoch und der Wasserverbrauch

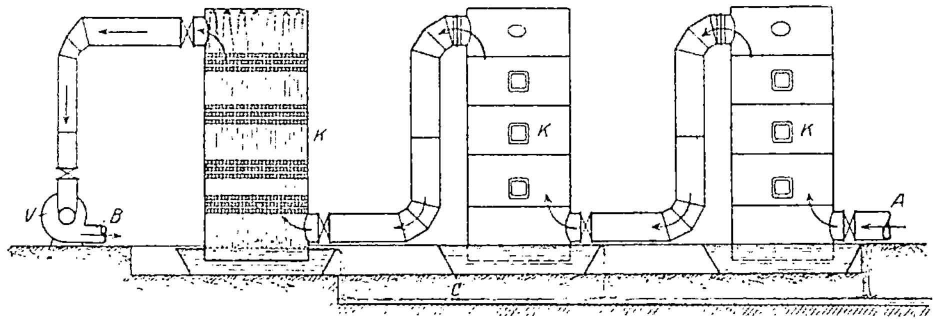

Abb. 45. Ältere Gasreinigungsanlage.

2—3 mal so hoch als der eines Theisen-Apparates. Der Platzbedarf ist auch bedeutend größer, und die Betriebssicherheit geringer als die der Theisen-Apparate.

In folgendem seien kurz einige ältere Anlagen besprochen, wie sie jedoch auch zum Teil noch heute anzutreffen sind (moderne Gasreinigungsanlagen vgl. Abb. 19, 49 und 51).

Abb. 45 stellt eine ältere Anlage dar. Das Rohgas, etwa 6—12 g/m³ Staub enthaltend (die Zahlen beziehen sich auf die Verhüttung von Minette), passiert zuerst den Staubsack, wo es nach dessen Verlassen noch etwa 3—6 g/m³ Staub und eine Temperatur von 50° C besitzt. Sodann durchströmt es bei A eintretend hintereinander die drei Kühler mit Holzeinlagen K, wird in denselben auf Lufttemperatur abgekühlt, gleichzeitig auf etwa 2, 1,18 und 0,6 g/m³ gereinigt und tritt dann in den Ventilator V, der es auf etwa 0,05 g/m³ reinigt. Bei B tritt das Gas gereinigt aus und kann den Verbraucherstellen zugeführt werden. Das verschmutzte Wasser fließt aus den Skrubbern K in einen Kanal C ab. Die Hauptablagerung von Staub muß von Zeit zu Zeit aus der Schüssel des Kühlers entfernt werden.

In Abb. 46 wird das Gichtgas an zwei Stellen dem Hochofen entnommen, wo es 4—8 g/m³ Staub besitzt und eine Temperatur von etwa

90° C hat, und gelangt durch die beiden Rohre *A* in den Staubsack *S*, durchströmt dann drei Naßreiniger oder Kühler *K*, welche mit Holz-

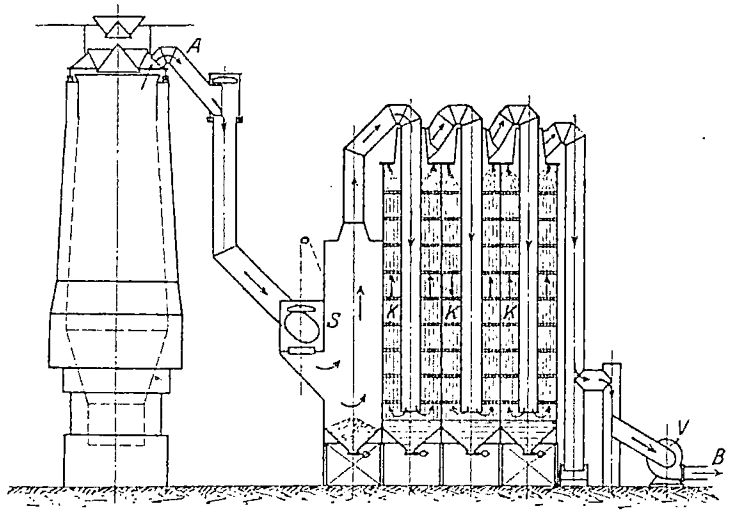

Abb. 46. Ältere Gasreinigungsanlage.

einlagen versehen sind, und wird schließlich durch die Ventilatoren *V* durch das Rohr *B* den Verbraucherstellen unter Druck zugeführt.

Abb. 47 zeigt eine andere Anlage, die von den vorigen ziemlich abweicht. Das Gas, das vom Staubsack des Hochofens kommt, tritt bei *A*

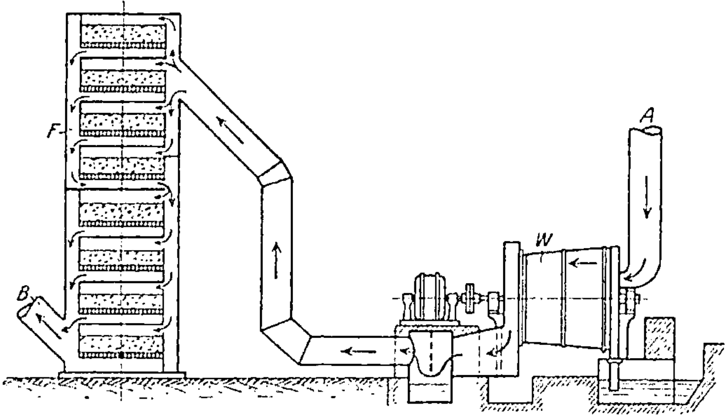

Abb. 47. Ältere Gasreinigungsanlage.

in einen Theisen-Wascher *W*, um dann durch ein Filter *F* zu strömen und getrocknet bei *B* auszutreten. Diese Anlage reinigt das Gas bis auf etwa 0,02 g/m³ und kühlt es auf etwa 25° C ab.

Die Anlage in Abb. 48 soll das Gas von etwa 6 g/m³ und 120 ⁰ C auf 0,017 g/m³ Staub und 25 ⁰ C reinigen bzw. Kühlen. Das vom Hochofen kommende Gas tritt bei A in die Staubsäcke S, strömt dann durch den

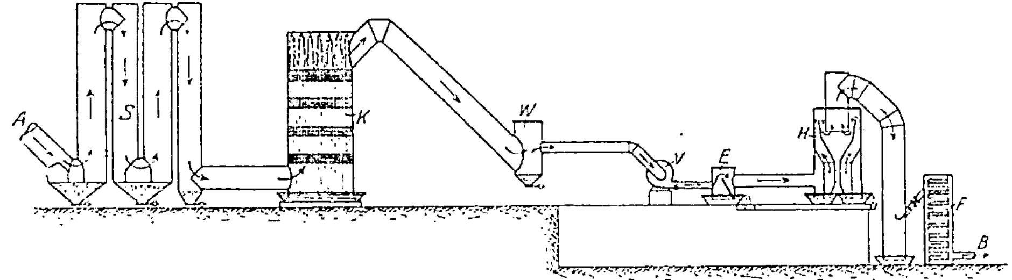

Abb. 48. Ältere Gasreinigungsanlage.

Kühler K und den Wassersack W, wird von dem Ventilator V angesaugt und gelangt durch den kleinen Wasserabscheider E, den großen Wasserabscheider H in das Filter F, wo es bei B austritt und gereinigt und getrocknet zur Verfügung steht.

III. Die elektrische Gasreinigung.

Die elektrische Gasreinigung besteht darin, daß die zu reinigenden Gase durch das Feld eines hochgespannten elektrischen Stromes (40000—60000 Volt) geführt werden, und daß einmal durch den Potentialabfall, zum andern dadurch, daß von der Ausström-Elektrode (negativ) Elektronen ausgehen (sog. Koronaentladung) und sich auf den einzelnen Staubteilchen festsetzen, diese von der entgegengesetzt geladenen (positiven) Elektrode, der sog. Abscheide- oder Sammelelektrode abgeschieden werden. Ein Teil des Staubes sinkt auch infolge von Wirbelbildungen oder Zusammenballung zu Boden.

Die Gasreinigung auf elektrischem Wege umfaßt also in der Hauptsache zwei Teilvorgänge:

1. Die sich im Gas befindlichen Staubteilchen sind aus dem Gasstrom auszuscheiden und auf den Elektroden abzulagern.

2. Die Elektroden sind von den Niederschlägen zu reinigen. Die Entfernung des Staubes von der Elektrode geschieht zum größten Teil von selbst infolge der Schwerkraft, teils durch künstliche Eingriffe, wie Erschütterungen, Klopfen und dgl.

Den ersteren Vorgang Gegenstand behandelt H. Thein in einem ausführlichen Bericht in der „Zeitschrift für technische Physik"[1], worauf hier verwiesen werden mag.

---

[1] Z. techn. Phys. 1921, H. 7 u. 8, S. 177/78 u. 201/209.

Der zweite Vorgang, die Reinhaltung der Elektroden, ist eine, wenigstens für die Reinigung von Gichtgas mit sehr hohem Staubgehalt, noch nicht befriedigend gelöste Frage.

Je kleiner die Einheiten sind, desto leichter ist eine gleichmäßige Aufladung der Elektroden zu erzielen, und desto leichter sind Kurzschlüsse zu vermeiden. Bei der Durchführung im Großen bereitet, wie bei allen Trockenreinigungen, zunächst noch die Staubabfuhrfrage erhebliche Schwierigkeiten. Bisher ist weder eine einwandfreie Staubabfuhr gelungen, noch konnte eine den anfallenden Staubmengen entsprechende Verwendungsmöglichkeit für den trockenen Gichtstaub gefunden werden[1].

In Amerika hatte Cotrell die alten Versuche von Lodge wieder aufgegriffen. Die inzwischen geschaffene Hochspannungstechnik und die reichen Mittel, welche ihm zur Verfügung stehen, ermöglichten den Bau großer Reinigungsanlagen für Luft und Abgase. Schon früh versuchte Cotrell sein Verfahren für die Gichtgasreinigung auf Eisenhütten anzuwenden, es ist aber weder ihm, noch der Studiengesellschaft, welche sein Verfahren übernommen hat, trotz Aufwendung großer Geldmittel gelungen, eine einzige betriebsfähige Anlage zu schaffen. Es erscheinen hie und da in ausländischen, insbesondere in amerikanischen Zeitschriften Aufsätze über die elektrische Gasreinigung, jedoch sind die Angaben entweder zu dürftig, als daß man sich ein Urteil darüber bilden könnte, oder es arbeiten die Anlagen so schlecht, so daß sie für eine regelrechte Gichtgasreinigung nicht in Betracht kommen. Die Reinheitsgrade, soweit solche angegeben werden, liegen im allgemeinen zwischen 0,1 und 0,3 g/m^3. Das Gas ist also nur so weit gereinigt, daß es für Cowper und Kessel verwendet werden kann aber nicht für den Betrieb von Gasmaschinen in Frage kommt.

Landolt gibt nur ganz allgemeine Angaben über das elektrische Gasreinigungsverfahren und beschreibt Gebiete, auf denen das Verfahren bereits befriedigend arbeitet.

In Europa, besonders in Deutschland, sind schon seit Jahren verschiedene Firmen damit beschäftigt, das Cotrell-Verfahren auszubauen und die schwierige Frage der Reinigung der Elektroden zu lösen, jedoch ist man bis jetzt noch zu keinem allgemein befriedigenden Ergebnis gelangt.

Es wurden bisher nur einzelne Versuchsanlagen gebaut, die zum Teil befriedigend arbeiteten, die Ergebnisse sind jedoch noch nicht so, daß zur Herstellung einer richtigen Betriebsanlage geschritten werden konnte, und es bedarf hierzu noch großer Arbeit. Die konstruktive Durchbildung der Temperaturregler und der Meßapparatur, die erforderlichen Sicherheitsmaßnahmen gegen Explosionen, die gleichmäßige Gasverteilung auf die einzelnen Teilapparate, sowie die Auswahl der Beheizungsmittel für den Temperaturregler sind Fragen, die eingehender Prüfung bedürfen.

---

[1] Stahleisen 1924, S. 877.

In der deutschen technischen Literatur sind bis jetzt fast ausschließlich nur kurze Andeutungen über die elektrische Reinigung von Gichtgasen erschienen, und es hat den Anschein, als wollte man mit der Bekanntgabe der Ergebnisse warten, bis die Arbeiten zu einem erfolgreichen Abschluß gekommen sind. Das Verfahren ist bis jetzt nur dort für die Gichtgasreinigung anwendbar, wo es nicht auf hohe Betriebssicherheit ankommt. Die erzielten Reinheitsgrade auf den Versuchsanlagen sind zum Teil recht befriedigend, jedoch zum Teil für Gasmaschinen völlig unbrauchbar[1].

Die Kurzschlüsse, die nicht nur in der Hochspannungsanlage und im Netz vorkommen, sondern auch im Gasstrom durch Ionisation entstehen, machen das elektrische Verfahren vorderhand für die Gichtgasreinigung zu wenig betriebssicher. Dazu kommt noch, daß das Verfahren nur für gewisse Gichtstaubarten anwendbar ist, bei anderen aber vollkommen versagt.

Wie sich die elektrische Gichtgasreinigung noch ausgestalten wird, bleibt der Zukunft vorbehalten. Es sind besonders in neuester Zeit viele Patente auf dem Gebiete der elektrischen Gasreinigung erteilt worden. Die deutschen Firmen, die sich mit der elektrischen Gasreinigung befassen, sind besonders:

Allgemeine Elektrizitäts-Gesellschaft, Berlin (AEG.);

Siemens-Schuckert-Werke G. m. b. H., Siemensstadt b. Berlin;

Elektrische Gasreinigungsgesellschaft m. b. H., Kaiserslautern und Zschocke-Werke A.-G., Kaiserslautern (ELGA);

Lurgi-Apparatebau, G. m. b. H., Frankfurt a. M.;

Oski-A.-G., Hannover;

Gelsenkirchner Bergwerks-A.-G., Gelsenkirchen.

Auf die weitere Besprechung des elektrischen Gasreinigungsverfahrens sei hiermit verzichtet und nur noch auf einige Stellen in der Literatur verwiesen.

Elektrische Ausscheidung von festen und flüssigen Teilchen aus Gasen: Stahleisen 1919, S. 1377/85, 1423/30, 1511/18, 1546/54; 1920, S. 1076/79, 1416/17; 1921, S. 14/16; 1923, S. 1467/74. — Chem.-Zg. 1923, S. 769/71. — Schweiz. Bauzg. 1925, S. 213/15, 229/31.

Elektrische Reinigung von Gichtgas: Stahleisen 1920, S. 1076/79; 1921, S. 54/55, 1083/84; 1922, S. 310; 1924, S. 530/31, 873/79, 809/14, 1538; 1926, S. 640/41, 941/47, 1514/16. — Iron Age 1920, S. 930; 1924, S. 422/25; 1921, S. 329/34. — Z. V. d. I. 1920, S. 895; 1922, S. 719/22. — Eng. 1926, S. 588. — Iron Trade Rev. 1920, S. 213/17; 1921, S. 102/05. — Prometheus 1913, S. 823/25. — Metall Erz 1921, S. 539/47. — Z. techn. Phys. 1921, S. 177/78, 201/09; 1925, S. 423/37; 1926, S. 49/71. — Chem.-Zg. 1923, Nr. 117/18, S. 769/71. — Engg. Min. Journ. 1914, S. 1107/09; 1921, S. 446/49. — Chem. Metallurg. Engg. 1920, S. 884; 1921, S. 316/20 423/32, 861/65; 1922, S. 151/53. — Rev. Technique Luxembourgeoise 1921, S. 61/65, 73/78, 85/93, 101/08, 119/24. — Rev. Mét. 1922, S. 703/16; 1925, S. 21/38. — Z. angew. Chem. 1925, S. 565/68. — Siemens-Z. 1924, S. 6/14. — Tonind.-Zg. 1924, S. 517/20. — Iron Coal Trades Rev. 1924, S. 356. — Zentralbl. Hütten-Walzwerke 1924, S. 93/94, 105/08. — Braunkohle 1924, S. 745/58. — Zentralbl. Gew.-Hyg. 1924, S. 92/94. — Blast Furnace 1924, S. 423/26.

---

[1] Stahleisen 1924, S. 809/14, 530/31, 873/79; 1926, S. 941/48.

IV. Die Trockengasreinigung, System Halbergerhütte-Beth.

1. Beschreibung des Reinigungsvorganges.

Bei allen Werken, die dauernd oder gelegentlich Gichtgastemperaturen haben, welche die zulässige Grenze von etwa 100° C überschreiten, durchströmt das Rohgas nach dem Verlassen der üblichen Staubsäcke zuerst einen Vorkühler K (Abb. 49), der in einer Wassertasse W steht.

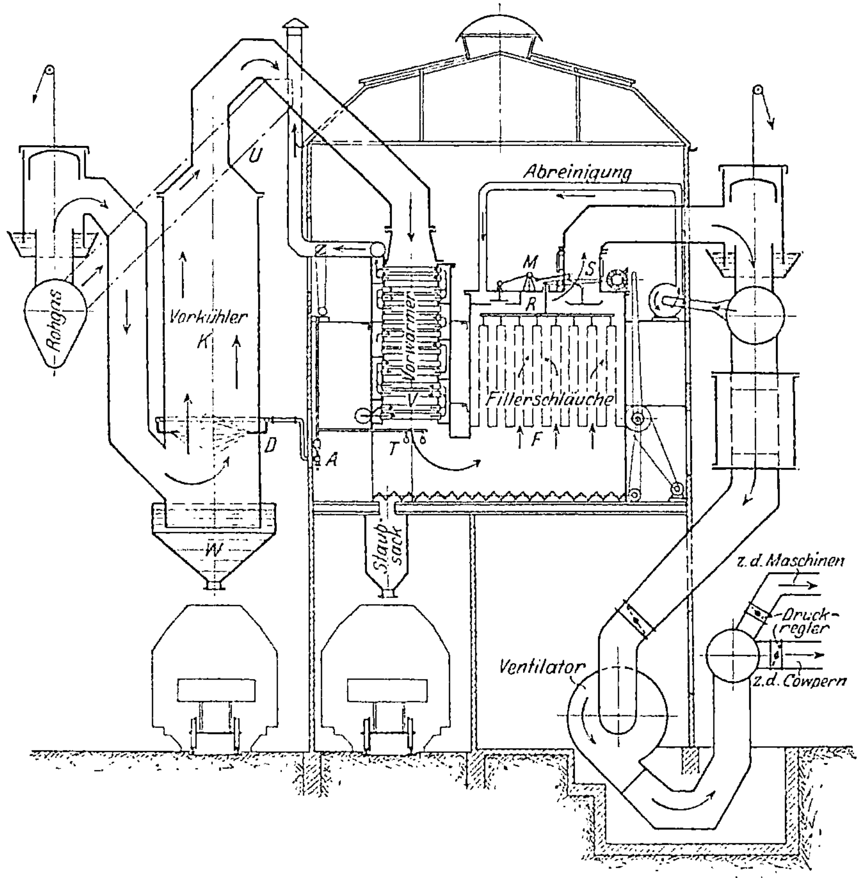

Abb. 49.　Schema einer Trockengasreinigungsanlage.

Die Verdunstung des Wassers wirkt dann besonders kühlend ein, wenn das Gas gleichzeitig sehr heiß und sehr trocken ankommt, d. h. in einem für die Lebensdauer der Filterschläuche gefährlichen Zustande, der besonders bei Begichtungspausen und Störungen des Hochofenganges eintritt.

Der Kühler K ist mit Düsen D zum Einspritzen eines Wassernebels versehen, die bei sehr hohen Gastemperaturen in Tätigkeit treten.

7*

Um eine zu weitgehende und unnötige Abkühlung kälterer Rohgase zu vermeiden, kann man dasselbe von der Birnenleitung aus durch die Leitung U direkt in den Vorwärmer V führen. Dieser Vorwärmer V schließt sich direkt an den Kühler K an und ist als Oberflächenüberhitzer gebaut. In diesem wird das Gas je nach Bedarf so weit überhitzt, daß es die Filterschläuche nicht mehr verschlammt.

Kühler und Vorwärmer werden durch elektrisch betätigte Automaten A, mittels Starkstrom-Thermometern T selbsttätig eingeschaltet. Diese Apparate sind jahrelang erprobt worden und gewährleisten eine vollkommene Betriebssicherheit.

Aus dem Vorwärmer tritt das Gas nun mit einer gleichmäßigen, zur Filtration geeigneten Temperatur von 70—100° C in die Filterkästen F ein. Diese enthielten bisher in zwei Reihen je 6—11 Filterkammern, in denen je 12 Baumwollschläuche von 3 m Länge und 20 cm unterem Durchmesser mit etwa 2 m² Filterfläche hängen. Neuerdings hat man bei größeren Anlagen zwei gegenüberliegende Kammern miteinander vereinigt. Jede Kammer kann während des Betriebes abgestellt und geöffnet werden (Abb. 50), worin eine große Betriebssicherheit der Anlage liegt.

Das Gas tritt von unten aus dem Rohgaskanal in die Kammern ein, durchströmt die darin aufgehängten Filterschläuche von innen nach außen, wobei der Staub in diesen zurückgehalten wird, und verläßt die Kammern in gereinigtem Zustande durch die Stutzen S (Abb. 49).

Vor und hinter den Filterschläuchen besteht ein Druckunterschied von 80—140 mm W.-S., je nach der

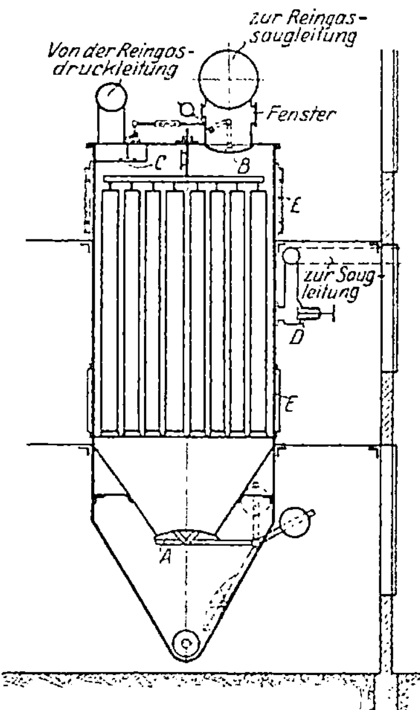

Abb. 50.   Filterkammer neuerer Bauart.

Durchlässigkeit des zur Verwendung gelangten Filterstoffes und dem Staubgehalte des Rohgases. Zur Überwindung dieses Druckes und zur Förderung des Gases zur Verwendungsstelle genügt es, in der Rohgasleitung einen entsprechenden Überdruck zu halten, was bei modernen Hochöfen mit Kübelbegichtung durchaus möglich ist. In den meisten Fällen benützt man jedoch hierzu Ventilatoren, die unter den Filterkästen auf Hüttenflur aufgestellt sind. Zu jedem Filterkasten wird bei den neuen Anlagen ein eigener Ventilator angeordnet, wodurch gegenüber früher die umständlichen Umschaltleitungen und die teuren und trotzdem schwer dicht zu bekommenden Umschaltschieber weggefallen sind.

Um das Filtergewebe der Schläuche dauernd durchlässig zu halten, muß der darin haftende Staub von Zeit zu Zeit entfernt werden. Dies erfolgt etwa alle 8 Minuten für jeweils eine Kammer auf folgende Weise: Die Kammer, die gereinigt werden soll, wird von der Saugleitung S (Abb. 49) abgeschaltet, und ein Strom gereinigten Gases in umgekehrter Richtung, also von außen nach innen, durch die Schläuche mit einem Überdruck von 50—100 mm W.-S. hindurchgeleitet. Gleichzeitig werden dem Rahmen R Stöße erteilt.

Dadurch löst sich der Staub vom Gewebe ab und fällt in die am Grunde des Rohgaskanals angebrachten Staubbunker, oder in Förderschnecken, die ihn zu seitlichen Staubbehältern fördern, von wo er nach Bedarf in untergestellten Wagen entleert oder in Säcke abgefüllt werden kann.

Der Reinigungsvorgang vollzieht sich selbsttätig mittels eines einfach und kräftig gebauten Mechanismus, der mit Preßluft von 4—5 Atm. Überdruck arbeitet, und dessen Betriebssicherheit in vielen Ausführungen jahrelang erprobt ist. Der Preßluftverbrauch beträgt stündlich etwa 6 m³ komprimierte Luft je Filtereinheit von 40—50000 m³ Gasdurchgang pro Stunde.

Der Gasstrom wurde früher durch Umstellklappen gesteuert. Da die Dichtigkeit dieser aber gering ist, benutzt man heute nur noch metallisch dichtende Ventile, wodurch der Bedarf an Gas zur Reinigung der Filterschläuche (Abreinigungsgas) auf unter 3% der Gesamtgasmenge verringert worden ist.

In den Saugstutzen und in den Saugleitungen hinter den einzelnen Filterkästen, sowie in den Filterkammern selbst sind zur Beobachtung der Reinheit des Gases Durchschaugläser angebracht, die während des Betriebes gereinigt werden können (Abb. 49 und 50), und die bei normalem Betrieb klar sind, jedoch bei Betriebsstörungen, wie Undichtheiten eines Filterschlauches usw. sich beschlagen.

Bei allen Teilen des Filters ist nach Möglichkeit dafür gesorgt, daß weder Luft eingesaugt werden, noch Gas austreten kann. In dieser Hinsicht sind bei den neuesten Anlagen so wesentliche Verbesserungen erzielt, daß sie praktisch vollkommen dicht sind, und eine Belästigung der Arbeiter durch Gasausströmungen ausgeschlossen ist.

Die Absperrung der einzelnen Filterkästen und der Ventilatoren erfolgt neuerdings gewöhnlich durch Wasserverschlüsse, die eine vollkommene Abdichtung gewährleisten. Das filtrierte Gas hat hinter den Ventilatoren einen Reinheitsgrad von etwa 0,015—0,02 g/m³. Der für Kraftzwecke bestimmte Teil des Gases wird zweckmäßig noch gekühlt, um den darin enthaltenen Wasserdampf zu entfernen.

Diese Kühlung erfolgt durch Berieselungskühler, von denen sich das System Kubierschky, wie auch neuerdings Kühler mit Füllung von Raschigschen Ringen bewährt haben. Man erreicht dadurch eine Gastemperatur, die 3—5° über der Kühlwassertemperatur liegt, bei einem Wasserverbrauch von 2,5—3 l/m³ Gas, je nach der Gas- bzw. Wassertemperatur.

Durch die Nachkühlung erniedrigt sich der Staubgehalt weiter auf 0,005—0,015 g/m³. Das Kühlwasser bleibt völlig klar und kann nach der Rückkühlung wieder benutzt werden.

Falls die Anlage nur gekühltes Gas liefern soll, empfiehlt es sich, den Schlußkühler vor den Ventilator zu setzen, um den Kraftbedarf des Ventilators zu erniedrigen (Abb. 51).

Der Kraftbedarf der eigentlichen Gasreinigung setzt sich wie folgt zusammen:

1. Kraftverbrauch des Ventilators zur Überwindung des Filterwiderstandes: etwa 0,85 PS für 1000 m³ Gas und Stunde.

2. Kraftverbrauch der Staubförderschnecken- und der Einrichtung zur Reinigung der Filterschläuche: etwa 0,20 PS für 1000 m³ Gas und Stunde.

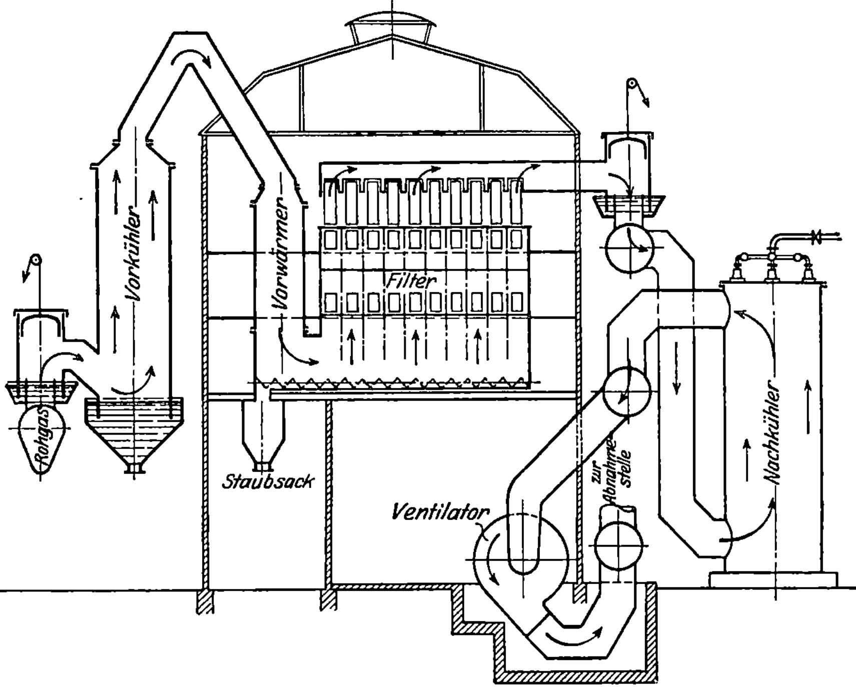

Abb. 51. Trockengasreinigungsanlage mit zwischen Filter und Ventilator geschaltetem Nachkühler.

3. Kraftbedarf des Heizgasventilators: 0,05 PS pro 1000 m³ und Stunde.

Der Gesamtkraftbedarf beträgt also nur etwa 1,1 PS für 1000 m³ Stundenleistung, wozu noch der Kraftbedarf des Ventilators zur Druckerzeugung kommt, der natürlich von dem gewünschten Überdruck abhängig ist.

Der Gesamtkraftbedarf bei einer Anlage mit 0 mm W.-S.-Rohgasdruck und + 100 mm W.-S. in der Reingasleitung beträgt etwa 1,8 PS für je 1000 m³ Gas und Stunde[1].

Der Platzbedarf ist bei der Trockengasreinigung besonders gering, wenn

---

[1] Diese Zahlen sind die von der Trockengasreinigung Zweibrücken angegebenen Werte; die auf verschiedenen Werken festgestellten Versuchsergebnisse sind jedoch wesentlich höher.

die oft große Flächen beanspruchenden Klärteiche bei günstiger Rohgastemperatur wegfallen. Aber auch ohne Berücksichtigung der Kläranlagen ist der Platzbedarf nicht größer, als derjenige der meisten Naßreinigungen.

Gewöhnlich werden die Filterkästen über den Ventilatoren angeordnet, wodurch man nicht nur an Platz spart, sondern auch besondere Becherwerke zum Wegschaffen des abgeschiedenen Gichtstaubes vermeidet. Daß solche Anlagen keinen größeren Platzbedarf, als viele Naßreinigungen gleicher Leistung haben, beweist der Einbau einer Filteranlage von 42000 m³ Stundenleistung in eine Ventilatorennaßreinigung für 30000 m³/Std. auf der Halberger Hütte.

Die Zahlentafeln 30 und 31 zeigen den Platzbedarf von Trockenreinigungen verschiedener Leistungen; Zahlentafel 30 enthält ältere und Zahlentafel 31 die neuesten Anlagen.

Zahlentafel 30. Platzbedarf von Trockenreinigungen verschiedener Leistungen.

Leistung m³/Std. normal	Zahl u. Stundenleistung der Filtereinheiten	Platzbedarf in m²
18000	1 × 18000	11 × 18
20000	1 × 21000	11 × 19,5
25000	1 × 27000	11 × 21
30000	1 × 30000	11 × 22
40000	2 × 21000	15 × 19
50000	2 × 27000 oder 3 × 18000	15 × 21 bzw. 19 × 18
100000	3 × 33000 „ 4 × 27000 oder 5 × 21000	19 × 24 „ 23 × 21 bzw. 25,5 × 19,5
150000	5 × 30000 oder 6 × 27000 oder 8 × 21000	25,5 × 22,5 bzw. 29 × 21 bzw. 37,5 × 19,5
200000	6 × 33000 oder 8 × 27000 oder 10 × 21000	29 × 24 bzw. 37,5 × 21 bzw. 46 × 19,5
300000	9 × 33000 oder 12 × 27000 oder 15 × 21000	42 × 24 bzw. 54,5 × 21 bzw. 67,5 × 19,5

Zahlentafel 31. Platzbedarf von Trockenreinigungen verschiedener Leistungen (neueste Daten).

Leistung m³/Std. normal	Zahl und Stundenleistung der Filtereinheiten	Platzbedarf in m²
20000	1 × 20000	21 × 5,5 = 115
24000	1 × 24000	22 × 5,5 = 121
28000	1 × 28000	23 × 5,5 = 126,5
32000	1 × 32000	24 × 5,5 = 132
36000	1 × 36000	25,5 × 5,5 = 140
40000	1 × 40000	27 × 5,5 = 148
44000	1 × 44000	28,2 × 5,5 = 155
50000	1 × 50000	29,3 × 5,5 = 162
100000	2 × 50000 od. 3 × 36000	29,3 × 10 = 293 od. 25,5 × 14,5 = 370
150000	3 × 50000 od. 4 × 40000	29,3 × 14,5 = 424 od. 27 × 19 = 513

Bei Platzmangel kann man die Reinigungsanlage auch ohne weiteres oberhalb bestehender Werksanlagen aufstellen. Es wurden schon Anlagen über dem Masselbett und anderen vorhandenen Gebäuden eingerichtet.

Zahlentafel 32. Anzahl und Leistung der einzelnen Apparate einer Trockenreinigung.

	Trockenreinigung		
	I	II	
Leistung der Anlage	147000	165000	m³/Std.
Dieselbe besteht aus			
1..	7	5	Filtern
Jedes Filter besteht aus	2 × 7	2 × 11	Kammern und
in jeder Kammer befinden sich .	12	12	Schläuche,
also sind im ganzen in d. Anlage .	7×2×7×12	5×2×11×12	
	= 1176	= 1320	Schläuche.
2..	7	10	Vorwärmer
I. für jedes Filter	1		„
II. für jedes halbe Filter. . . .		1	„
Anzahl der Rohre/Vorwärmer. .	96	88	Stück
Querschnitt des Rohres	⌀ 113 / 223	⌀ 113 / 223	
Umfang des Rohres	500	500	mm
Länge des Rohres	1800	1800	mm
Heizfläche pro Rohr	0,9	0,9	m²
Heizfläche des kompl. Vorwärm.	86,4	79,7	m²
Die Vorwärmer werden durch			
Heizöfen geheizt.			
3..	7	10	Abreinigungs-Vorwärmer
I. für jedes Filter.	1		Vorwärmer
II. für jedes halbe Filter. . . .		1	„
In jedem Vorwärmer ist	1	1	Rippenrohr
Heizfläche/Abreinig.-Vorwärmer .		12,2	m²
Die Abreinigungsvorwärmer werden durch Heizöfen geheizt.			
4..	3	3	Hauptventilatoren
wovon	1	1	Reserve
Leistung pro Ventilator	65÷70000	95÷98000	m³/Std.
Druckdifferenz.	250	300	mm W.-S.
5..	2	2	Heizgas-Ventilatoren
wovon	1	1	Reserve
Leistung pro Ventilator.	60000	55000	m³/Std.
für Gas mit einem spez. Gew. von.		0,83	kg/m³
und einer Temperatur von . . .		60	°C
Druckdifferenz.		350	mm W.-S.
6..	2	2	Abreinigungsventilatoren
wovon	1	1	Reserve
Leistung pro Ventilator.	30000	45000	m³/Std.
für Gas mit einem spez. Gew. von.	0,95	0,95	kg/m³
und einer Temperatur von . . .	60	60	°C
Druckdifferenz.	200	350	mm W.-S.
Wirkungsgrad $\eta =$.		65	%

	Trockenreinigung		
	I	II	
7..	3	3	Motoren
wovon	1	1	Reserve
für die Hauptventilatoren Leistung pro Motor	220 n = 730	300 n = 725	PS
8..	2	2	Motoren
wovon	1	1	Reserve
für die Heizgasventilatoren Leistung pro Motor	25 n = 720	75 n = 725	PS
9..	2	2	Motoren
wovon	1	1	Reserve
für die Abreinigungsventila-toren Leistung pro Motor . .	50 n = 730	110 n = 960	PS
10.	2		Motoren
wovon	1		Reserve
für die Transmission Leistung pro Motor	50 n = 720		PS
11.	3	2	Motoren
wovon	1	1	Reserve
für die Staubtransportschnek-ken Leistg. pro Motor	20 n = 720	17 n = 960	PS
12.		5	Motoren
für die pneumat. Abreinigung		0,7 n = 1440	PS pro Filter
13.	2	2	Heizöfen
für die Vorwärmer der Filter			
14.	2	2	Heizöfen
für die Vorwärmer der Abrei-nigungsgase			
15. Rohgase v. d. Gicht:			
Temperatur		200	⁰ C
Feuchtigkeitsgehalt		max 100	g/m³
Staubgehalt		5	g/m³
16. Reingase:			
Temperatur		90	⁰ C
Druck		80	mm
Staubgehalt	0,02	0,03	g/m³ garantiert

Die Angabe über Leistung der Trockenreinigung bezieht sich auf Gas von 0⁰ und 760 mm Barometerstand.

Die zur Abreinigung erforder-liche Gasmenge beträgt:			
I. II. } bei d. pneumat. Abreinigung .	12—14 %	— 5%	} d. Gesamtanlage

Die Zahlentafel 32 enthält weitere Angaben über alle Einzelheiten von zwei Anlagen verschiedener Leistung.

2. Die Vorwärmung und Vorkühlung des Rohgases.

Die Gichttemperaturen schwanken im Minettebezirk zwischen 50 und 250° C, je nach der Art der erblasenen Roheisensorte, dem Ofengang und der Witterung. Das Gas ist also manchmal mit Wasserdampf übersättigt. Hat es aber einmal seinen Taupunkt (etwa 55° C) unterschritten, dann erfordert die Überhitzung ungleich mehr Wärme, als bei einem gleich warmen Gas, das den Taupunkt noch nicht erreicht hat, da die latente Wärme des Wasserdampfes frei geworden ist. Dieser Zustand tritt im Minetterevier sehr leicht ein beim Betrieb von Thomaseisen. Durchschnittlich haben die Gase eine Temperatur von 60—80° C. Im Winter und mehr noch bei kalten Regenperioden kommt zu dem ohnehin schon nasseren Gas eine sehr starke Oberflächenkühlung durch die Rohrleitungen, so daß man schon genötigt gewesen ist, unmittelbar vor dem Vorwärmer Syphonrohre für den Abfluß des Kondenswassers anzubringen.

Für derartige Spitzenwirkungen hat sich die Vorwärmung durch geringwertige Abhitze als nicht ausreichend erwiesen. Man ist deshalb dazu übergegangen, vor die Reinigung besondere Heizöfen zu schalten, um im Bedarfsfalle genügend heiße Heizgase zur Verfügung zu haben. Als Reserve für irgendwelche Störungen in der Zuleitung der Abhitze ist diese Einrichtung ebenfalls sehr zweckmäßig.

Ein neues Verfahren der Dinglerschen Maschinenfabrik, Zweibrücken, zur Vorwärmung des Gichtgases bei der Trockengasreinigung besteht darin, daß ein Teil des gereinigten oder Rohgases in besonderen Heizkammern oder Öfen verbrannt wird, und daß die Verbrennungsgase in den Vorwärmer geleitet werden, wo sie in bekannter Weise ihre Wärme durch die Vorwärmerwände hindurch an das zu erwärmende Gichtgas abgeben. Die Regelung der in den Heizkammern verbrannten Gase findet in der Weise statt, daß entweder die Gaszufuhr zu dem Ofen geregelt wird, oder nachträglich Luft oder nicht entzündbare Gase den Verbrennungsgasen zugeführt werden, oder daß beides zusammen erfolgt. Da das zur Abreinigung der Filterschläuche nötige Gas nicht zu kalt sein darf und das Rohgas hinter dem Vorwärmer beim Durchströmen der Filterkästen auch wieder etwas abgekühlt wird, so ist es notwendig, dieses gereinigte Gas wieder etwas vorzuwärmen. Es hat sich gezeigt, daß es vorteilhafter ist, für die Vorwärmung des Rohgases und für die des Abreinigungsgases je einen Ofen zu verwenden, die völlig unabhängig voneinander sind. Dadurch ist man in der Lage, das Abreinigungsgas stets auf einer gewünschten Temperatur zu erhalten, die unabhängig von der des geheizten Rohgases ist. Der Vorwärmer wird je nach den besonderen Verhältnissen der Hochofenwerke mit Dampf, Abhitze von Gasmaschinen, oder Winderhitzern, meist jedoch mit einem von der Reingasleitung gespeisten Brenner geheizt. Die Heizröhren der Vorwärmer bestehen aus Gußeisen und sind stehend in getrockneter Form gegossen. Sie haben ovalen Querschnitt, so daß Staubansatz möglichst vermieden wird, und sind mit Stopfbüchsen abgedichtet, damit sie sich frei ausdehnen können. Die Heizung der

Vorwärmer wird nach dem Gegenstromprinzip durchgeführt. Es erscheint jedoch zweckmäßiger, mit Rücksicht auf etwa nasses Gas, im Gleichstrom zu heizen. Wenn die staubhaltigen Wasserbläschen auf die Heizrohre treffen, so tritt Verdampfung ein, der Staub lagert sich ab und bildet bei langsamer Verdampfung eine sehr harte, schwer zu entfernende Kruste. Je kräftiger aber und schneller die Verdampfung vor sich geht, desto lockerer wird diese Kruste, und es besteht die Möglichkeit, daß der überhitzte Dampf einen Teil des Staubes mitreißt. Es ist also ein großes Temperaturgefälle zwischen Rohgas und Heizgas beim Rohgaseintritt erforderlich, und das wird durch das Gleichstromprinzip erreicht.

Nach den neuesten Ausführungen erfolgt die Heizung der Rohgase in Gegenstromvorwärmern und in der Regel nur noch durch verbrannte Reingase, für welche besondere Heizöfen aufgestellt werden, die vom Ventilatorenraum aus reguliert werden können. Es wird dabei das Druckheizverfahren angewandt, ähnlich wie bei der P. S. S.-Beheizung der Winderhitzer. Die Verwendung der Abhitze von Cowpern und Kesseln wurde vollständig aufgegeben, nachdem letztere mit trocken gereinigtem Gas beheizt wurden. Wegen ihrer geringen Temperatur reichte die Abhitze für die Rohgasbeheizung nicht mehr aus. Dies deutet übrigens auf beste Ausnützung der Cowper- und Kesselabgase durch die vorzüglich rein bleibenden Heizflächen bei der Verwendung von hochgereinigtem Gas hin. Die von Dr. Schlipköter angedeuteten Verkrustungen der Vorwärmerheizrohre, die deshalb das Vorwärmen des Rohgases nach dem Gleichstromprinzip für vorteilhafter erscheinen lassen, werden durch Anbringung von Kratzervorrichtung auf den oberen Rohrreihen beseitigt.

Im Ruhrbezirk sind die Gichtgastemperaturen dem Minettebezirk gegenüber im Durchschnitt höher und schwanken zwischen 300 und 400° C. Da das Gas auf eine Temperatur von 60—80° C herunter gekühlt werden muß, damit es die Filterschläuche nicht zerstört, ist man gezwungen, mehrere Vorkühler je nach Bedarf vorzuschalten.

Falls die Rohgastemperatur bei angestrengtem Hochofenbetrieb 200° C übersteigt, und die Vorkühler nicht ausreichen, um die richtige Betriebstemperatur aufrechtzuerhalten, kann der Vorwärmer als Kühler benutzt werden, indem anstatt der Heizgase Luft durch das Rohrwerk hindurchgesaugt wird. Diese Umschaltung erfolgt selbsttätig.

Genügt diese Kühlung auch noch nicht, so wird ebenfalls selbsttätig in den Vorkühler so viel feinzerstäubtes Wasser eingespritzt, daß die Temperatur auf den gewünschten Punkt fällt. Hierbei mitgerissenes Wasser muß dann im Vorwärmer wieder verdampft werden.

Bei der Vorwärmung des Rohgases mittels Dampf benötigt man etwa 10—12 kg für 1000 m³ Gas.

Wenn es möglich ist, wird das Rohgas bis nahezu auf seinen Taupunkt vorgekühlt und dann, um ein Verschlammen der Filterschläuche zu vermeiden, wieder im Vorwärmer um 10—20° erhitzt. Das Herunterkühlen der hohen Gastemperatur von 400° C und mehr, wie sie im Ruhrbezirk sehr oft vorkommt, durch Wassereinspritzung hat große

Schwierigkeiten gezeitigt. Da das Rohgas auf etwa 60⁰ C heruntergekühlt werden muß, so ist eine ausgiebige Wassereinspritzung im .Vor-
kühler genau so notwendig, wie bei der Naßreinigung, und somit auch
eine Klärung dieses Schlammwassers ebenso unumgänglich wie bei dieser.
Damit steigen natürlich der Wasserverbrauch und die Kosten der
Anlage bedeutend. Bei niederen Rohgastemperaturen, etwa bis 80 oder
90⁰ C, ist eine Vorkühlung durch Luft möglich, wie es ja auch bei der
Naßreinigung genau ebenso gemacht werden könnte; bei verhältnismäßig hohen Gastemperaturen hingegen muß man unbedingt zur
Kühlung durch Wasserberieselung übergehen, da die Luftkühlung bei
weitem nicht so wirksam ist und bald ein Maximum des Wärme-
überganges erreicht hat, während die Wasserkühlung durch eine beliebig
regulierbare größere Einspritzwassermenge in ihrer Leistung auf ein
Vielfaches gesteigert werden kann. Hierdurch ist aber der Grundsatz
der „Trockenreinigung" durchbrochen.

Ein anderer Umstand, der sehr störend wirkt, ist der, daß der nasse,
staubgeschwängerte Wasserdampf an den Rohrwandungen kondensiert
und dabei starke Krustenbildungen verursacht, namentlich im ersten
Kühler, und zwar derart, daß schon nach sehr kurzer Zeit kaum noch
⅓ von dem früheren Querschnitt vorhanden ist.

Durch die intensive Wasserkühlung bei sehr hohen Rohgastemperaturen gelangt das Gas natürlich ziemlich feucht in den Vorwärmer, so
daß dieser wiederum mehr in Anspruch genommen werden muß, um
ein Verschlammen der Filterschläuche zu verhüten.

In neuester Zeit sucht man das Verschmutzen der Vorkühler durch
geeignete ovale Formgebung der Kühler weitgehendst zu beheben, wobei die Ansätze leichter abfallen. Die Vorkühler-Düsenkonstruktion
wurde derart verbessert, daß das oftmals nicht absolut reine Einspritzwasser, das auf Hüttenwerken häufig nur zur Verfügung steht, die
Wirkung der feinverteilten Wassereinspritzung nicht so beeinflussen
kann, daß die Kühlwirkung eine Störung dadurch erleidet.

Die Wassereinspritzung in die Vorkühler wird natürlich nur dann
vorgenommen, wenn die Rohgastemperatur über 100—110⁰ C steigt.
Bleibt die Rohgastemperatur unter diese Grenze, so ist eine Kühlung
mit Wasser nicht erforderlich. Das Einschalten der Düsen selbst erfolgt durch geeignete und erprobte Einrichtungen, die durch sicher-
wirkende Kontaktthermometer mit einem Hörsignal verbunden sind,
so daß der Wärter bei nicht ordnungsmäßigem Arbeiten der Einspritzung sofort durch das Signal aufmerksam gemacht wird. Hierbei
muß natürlich eine sorgfältige Wartung durch den Wärter voraus-
gesetzt werden, denn sonst entstehen bei plötzlichen Temperaturschwankungen ernsthafte Störungen durch Verschlammen oder Verbrennen der Filterschläuche.

Das Hintereinanderschalten mehrerer Kühler geschieht heute auch
nicht mehr, sondern jede Filtereinheit erhält bei Anlagen mit hohen
Rohgastemperaturen einen eigenen Kühler, die unter sich parallel arbeiten. Dadurch wird die erforderliche Einspritzwassermenge, die in
einen Kühler eingespritzt werden muß, auf ein Minimum beschränkt.

Sie beträgt meistens nur 50—60 g je Kubikmeter Gas, wenn die Gastemperatur nicht allzu hoch ist.

3. Die Filterkammern und ihre Einrichtungen.

Eine Filterkammer der alten Bauart leistet 1500 m³ (0⁰ und 750 mm) Gas stündlich, also ein Kasten mit 6—11 Doppelkammern 18000 bis 33000 m³/Std. Eine Kammer der neuen Bauart, sog. Großkammer mit 32 Schläuchen, leistet 4000 m³/Std. bezogen auf 0⁰ C, und ein Filterkasten dieser Bauart bis zu 45000 m³/Std.

Diese Schläuche haben 20 cm unteren Durchmesser und eine nutzbare Länge von 3 m und sind zur Hälfte konisch ausgeführt. Sie bestehen aus einem innen glatten, außen gerauhten Baumwollgewebe von geeignetster Fadenstellung. Sie sind durch eingenähte Ringe in 7 Felder geteilt und während des normalen Reinigungsvorganges leicht gespannt, um beim Abreinigen ein Zusammenschlagen des Schlauches zu verhindern. Das Einfügen der Schläuche muß mit großer Sorgfalt vorgenommen werden. Der Spannring muß gleichmäßig an dem Wulst des Schuhes anliegen unter Vermeidung von Falten, um einen dichten Abschluß von der Rohgasseite zu erzielen. Liegt ein Spannring schief oder das Gewebe nicht gleichmäßig an, so genügen diese Undichtigkeiten schon, um den Reinigungsvorgang zu beeinträchtigen. Der Schlauch darf auch nicht zu stark gespannt sein, wobei die Spannungsverhältnisse bei der Abreinigungsperiode zu berücksichtigen sind, da sonst ein vorzeitiges Reißen des gesunden Schlauches eintritt. Es ist deshalb ratsam, den Schlauch vor Inbetriebnahme im Zustand der Abreinigung durch Einschalten des Schüttelmechanismus zu prüfen und zu sehen, ob die Aufhängung nicht zu kurz ist. Das erste und sicherste Anzeichen für eine unmittelbare Verbindung von Fein- und Rohgas, d. h. für die Beschädigung eines Schlauches ist die Kontrollflamme. Gas mit nur 5 mg/m³ Staub brennt mit klarer, absolut reiner Flamme, die eine blaue Färbung hat. Schon bei 15—20 mg Staub tritt eine Rotfärbung ein, die den aufsichtführenden Arbeiter erkennen läßt, daß irgendeine undichte Stelle im Schlauchmaterial eingetreten ist.

Um das Auffinden etwaiger schadhaft gewordener Schläuche zu erleichtern, besitzt der Feingasraum jeder Kammer ein Schauglas, desgl. der Steuerkasten. Diese Schaugläser sind im Normalbetrieb klar und beschlagen sich nur, wenn die Reinheit des Gases abnimmt. Sie können auch während des Betriebes bequem gereinigt werden.

Die Lebensdauer der Filterschläuche beträgt etwa ein Jahr; es sind aber auch schon baumwollene Filterschläuche 17 Monate ununterbrochen im Betrieb gewesen. Neuerdings sind aussichtsreiche Versuche im Gange, Filter für besonders hohe Temperaturen auszubilden, wobei einerseits von einer metallischen Grundlage, andererseits von einem organischen Stoffe besonderer Zusammensetzung ausgegangen ist. Trotz des höheren Preises werden heute nur noch Wollfilter benutzt, deren Lebensdauer erheblich höher sein soll. Die Filter müssen gegen Feuchtigkeit geschützt werden, da sonst die geringen in den Gasen enthaltenen Säuremengen eine baldige Zerstörung herbeiführen.

Die Schläuche werden natürlich nicht alle auf einmal schadhaft, sondern nacheinander, und man kommt dann in eine Periode von Stillständen hinein, in der immer einige schadhaft gewordene Schläuche ausgewechselt werden müssen. Es ist daher zweckmäßig, in dem Augenblick, wo ein Schlauch der Kammer an der Grenze seiner Haltbarkeit angelangt ist, unbesehen die ganze Schlauchausrüstung der Kammer zu entfernen und durch eine neue zu ersetzen. Die noch guten Schläuche können später wieder eingebaut werden. Zerrissene und schadhaft gewordene Schläuche können wieder geflickt werden, so daß man sie auch öfters verwenden kann.

Der Verbrauch an Filterstoff ist wegen der verhältnismäßig langen Lebensdauer der Schläuche trotz der großen Anzahl derselben gering.

Die Schläuche sind oben in einen festen Boden eingespannt und am unteren Ende offen. Das obere Ende ist durch eine Platte verschlossen. Das Gas strömt von unten her in das Innere der Schläuche und muß nun durch diese hindurchtreten, wobei es seinen Staubgehalt im Schlauchinnern zurückläßt.

Um die Schläuche von dem aufgenommenen Staub zu befreien, werden mittels einer auf eine Drosselklappe wirkenden Steuerung die einzelnen Kammern nacheinander von der Saugleitung abgeschaltet. Die an einem Rahmen gespannt aufgehängten Schläuche werden je nach der Einstellung 5—7 mal entspannt, so daß infolge der plötzlichen Erschütterung der trockene Staub abfällt.

Früher waren die Schläuche im Rahmen federnd aufgehängt und wurden dann 5—7 mal gespannt und plötzlich entspannt. Durch erstere Methode soll jedoch das Aneinanderscheuern der Schläuche vermieden und eine größere Haltbarkeit derselben erzielt werden.

Der Vorgang der Abreinigung erfolgt gleichzeitig mit dem Schütteln der Schläuche. Es wird mit einem Differenzdruck von etwa 100 mm W.-S. Feingas rückwärts, d. h. von außen nach innen, durch die Schläuche geblasen. Die Temperatur dieses Gases muß auf 70—100 ° C gehalten werden, um ein Verschlammen der Filterschläuche zu verhindern, weswegen in der Abreinigungs-Gaszuleitung eine besondere Heizung vorgesehen wird (vergleiche IV. Abschnitt, Kapitel 2).

Das Abreinigungsgas wird für jede Einheit durch einen besonderen kleinen Ventilator auf kürzestem Wege vom Reingasraum in die einzelnen Kammern geführt, so daß dieselben nur geringer Erwärmung bedürfen. Die notwendig werdende Erwärmung geschieht ebenfalls im Gegenstrome durch verbrannte Reingase, die ein Heizofen liefert.

Der Abreinigungsvorgang der Schläuche wiederholt sich etwa alle 8 Minuten selbsttätig, und der Vorgang selber dauert etwa 15 bis 20 Sekunden.

Auf den meisten Werken ist der Staub sehr pyrophorisch. Das Eintreten dieser Erscheinung beginnt 2—24 Stunden, oft noch früher, nach Abzug des Staubes; und zwar unter der Oberfläche, sich nach allen Seiten weiterverbreitend. Die Vermutung liegt nahe, daß infolge dieser Eigenschaften des trockenen Gasstaubes der Betrieb für die Schläuche gefährdet wird, oder daß man bei Inbetriebnahme eines abgestellten

Filters mit Explosionsgefahr rechnen muß. Bis jetzt hat sich diese Be-
fürchtung noch nicht als begründet erwiesen, wahrscheinlich deswegen,
weil im Filter der Staub nur feinverteilt lagert und nicht in dickeren
Schichten. Das Glühen wird erst 4—5 cm unter der Oberfläche beobachtet;
wenn man also nach Abstellen eines Filters die Förderschnecke noch eine
Zeitlang laufen läßt, so ist nach den bisher vorliegenden Erfahrungen
keine Gefahr zu befürchten. Auf jeden Fall muß man in diesem Punkte
sehr vorsichtig sein, wenn man nicht sehr unangenehme Überraschungen
erleben will. Es ist besonders darauf zu achten, daß beim Ablassen des
Filterstaubes aus den Staubbehältern nicht von irgendeiner Öffnung
des Filterraumes her Luft hinzutreten kann, da sonst die ganze Schlauchausrüstung der Kammer verbrennen kann. Wenn kein Luftzutritt
erfolgt, d. h. kein Sauerstoff vorhanden ist, so kann auch keine Ent-
zündung erfolgen.

Bei Verhüttung zinkhaltiger Erze wird der Gasfilterstaub besonders
stark pyrophorisch.

4. Der Betrieb einer Trockengasreinigungsanlage.

Die Wartung einer Trockengasreinigung besteht erstlich in der
Beaufsichtigung und Schmierung der beweglichen Teile, also besonders
in der Wartung der Ventilatoren und Motoren. Der Abreinigungs-
mechanismus ist mit einfachen Starrfettschmierungen versehen, die
sich im Betrieb sehr gut bewährt haben.

Zum Betriebe der Anlagen sind, je nach der Größe derselben, zwei
bis drei Mann in der Schicht erforderlich, von denen der eine der
verantwortliche Wärter ist, während die anderen Hilfsarbeiter sein
können, die die beweglichen Teile beaufsichtigen, sowie den sich an-
sammelnden Filterstaub abziehen. Die Haupttätigkeit des Wärters
besteht in der Regelung der Gasverteilung, zu welchem Zwecke alle
Anzeigeinstrumente für Temperaturen und Drücke, die Signale von
den Hochöfen und dem Gasmaschinenhaus, sowie die Antriebe zu
den Regelorganen auf einer einzigen Tafel im Ventilatorenraum vereinigt sind.

Das Abstellen einer Kammer geschieht in einfachster Weise dadurch,
daß die unter der Kammer im Rohgasraum befindliche Klappe A
(Abb. 50), sowie die über der Kammer im Reingas befindlichen Ventile B
und C geschlossen werden, das Ventil D in der nach einem besonderen
kleinen Ventilator führenden Saugleitung geöffnet wird, der Ventilator
nach Öffnen der Einsteigetüren E das in der Kammer enthaltene Gas
heraussaugt, worauf der Schlauch ausgewechselt werden kann. Danach
werden die Einsteigetüren wieder geschlossen, und die Klappe A geöffnet,
damit der Ventilator nun die Luft aus der Kammer heraus- und Gas nach-
saugt. Darauf wird das Ventil D geschlossen, der Ventilator abgestellt
und die Ventile B und C geöffnet, worauf der Betrieb weitergeht. Die
Ventile B, C und D sind so eingerichtet, daß sie während des Betriebes
von außen her auf ihrem Sitz gedreht werden können, um sie ein-
zuschleifen. Das Auswechseln eines Schlauches nimmt etwa 5 Minuten
Zeit in Anspruch.

Zur dauernden Beobachtung der Reinheit des Gases dient eine Probeflamme je Filterkasten, die in dessen Druckleitung angeschlossen ist. Diese zeigt schon geringe Staubgehalte des Reingases an, indem sie eine rötliche Färbung bekommt, während sie bei Normalbetrieb eine reine, bläuliche Farbe hat.

Um den genauen Staubgehalt des Gases zu kontrollieren, genügt es, jede Woche eine Staubbestimmung mit dem Martius-Filter zu machen.

Störungen durch Bruch an Teilen des Mechanismus sind selten. Die einzelnen Stücke desselben können während des Betriebes ausgewechselt werden. Kennummertafeln erleichtern die Bestellung von Ersatzteilen. Zeigt die Probeflamme einen gewissen Staubgehalt an, so stellt man sofort durch Beobachtung der in den Saugleitungen angeordneten Schaugläser fest, in welcher Kammer schadhafte Schläuche sind. Die fehlerhaft arbeitende Kammer wird außer Betrieb gesetzt, nachgesehen und die Schläuche ausgewechselt.

Bei der Übergabe der Anlagen wird eine leichtverständliche Betriebsvorschrift mitgegeben, deren wesentliche Punkte hier wiedergegeben sind. Daraus ist zu sehen, daß die Inbetriebsetzung, wie auch der normale Betrieb, einfach sind.

Betriebsvorschrift für Hochofengas-Trockenreinigungsanlagen System Halbergerhütte-Beth.

I. Inbetriebsetzung.

1. Alle Absperrorgane an der Anlage und den zugehörigen Leitungen und die Explosionsklappen schließen; Entlüftungsventile öffnen.

2. Vorwärmer anheizen und Filterkästen anwärmen.

3. Schüttelmechanismus und Förderschnecken in Betrieb setzen.

4. Rohgas in die Anlage lassen und nach genügender Entlüftung die Entlüftungsventile der Reihe nach, von der Hochofenseite her, schließen.

5. Absperrung hinter der Anlage öffnen und Reingasleitungen entlüften; Entlüftungsklappen erst schließen, wenn luftfreies Gas austritt.

6. Wenn alles unter Gas steht, Förderventilator anlassen, jedoch hierbei darauf achten, daß kein Unterdruck in der Rohgasleitung entsteht, was durch entsprechende Einstellung der Drosselklappen in der Saugleitung möglich ist.

7. Abreinigungsleitung öffnen. Abreinigungsventilator anlassen.

8. Verbrauchsstellen anschließen durch Öffnung des Verschlusses hinter dem großen Ventilator.

II. Normalbetrieb.

1. Abreinigungsdruck wenigstens 80 mm höher halten als Rohgasdruck vor den Filtern.

2. Die Gastemperatur vor den Filtern soll nicht über etwa 100^0 C steigen und nicht unter etwa 70^0 C sinken.

Im ersteren Falle ist die Heizung des großen Vorwärmers abzustellen, wenn dies nicht genügt, die Wassereinspritzung am Vorkühler öffnen; im letzteren Fall ist die Wassereinspritzung zu schließen und dann die Heizung zu öffnen; diese Vorgänge erfolgen in der Regel automatisch.

3. Der Unterschied des Gasdruckes vor und hinter den Filtern darf 130 mm nicht übersteigen, andernfalls Abreinigung bzw. Heizung nachsehen.

4. Staubsammler in jeder Schicht mindestens einmal vollständig entleeren.

III. Stillsetzen einer Filtergruppe.

1. Abreinigungsventil schließen. Abreinigungsventilator abstellen.

2. Reingasventile hinter der Filtergruppe schließen.

3. Rohgasventile vor der Filtergruppe schließen.
4. Entlüftungsschieber öffnen und Entlüftungsventilator in Betrieb setzen.
5. Mechanismus und Förderschnecken abstellen.

IV. Stillsetzen der ganzen Anlage.
1. Sämtliche Ventilatoren abstellen.
2. Abschlüsse hinter den Ventilatoren schließen.
3. Rohgasventile schließen.
4. Alle Entlüftungsventile öffnen.
5. Transmission abstellen.

5. Versuchsdaten.

Die Ergebnisse der unter normalen Betriebsverhältnissen im April 1912 durchgeführten Untersuchung von Prof. Dr.-Ing. F. Mayer auf der Trockengasreinigungsanlage der Halbergerhütte sind in Zahlentafel 33 [1] zusammengestellt. (Die Filterschläuche waren damals schon

Zahlentafel 33. Versuchsergebnisse von der Trockengasreinigungsanlage der Halbergerhütte.

Stündlich gereinigte Gasmenge bezogen auf 62^0 C und 758 mm Q.-S.	$28\,600\ m^3$
„ „ 0^0 C „ 760 mm Q.-S.	$23\,300\ m^3$
Staubgehalt im m^3 Rohgas (0^0 C und 760 mm Q.-S.).	4,16 g
Staubgehalt im m^3 Reingas unmittelbar vor den Gasmaschinen (0^0 C und 760 mm Q.-S.).	0,00043 g
Staubgehalt hinter dem Ventilator (zwischen dem Ventilator und den Gasmaschinen befinden sich 2 Kühltürme) (0^0 C und 760 mm Q.-S.) in 1 m^3	0,012 g
Statischer Druck in der Rohgasleitung	58 mm W.-S.
Statischer Druck in der Reingasleitung	195 mm W.-S.
Temperatur in der Rohgasleitung	$67,8^0$ C
Temperatur in der Reingasleitung	62,0 ^{0}C
Wassergehalt des Reingases (22^0 C und 748 mm Q.-S.)	129 g/m^3
Gesamtkraftbedarf an den 3 Motorwellen gemessen.	66,8 PS
Ventilatorleistung zur nutzbaren Druckerhöhung um 137 mm W.-S.	22,4 PS
Kraftbedarf für den Reinigungsvorgang allein	44,4 PS
Kraftbedarf für 1000 m^3 Reingas bezogen auf 0^0 C und 760 mm Q.-S. ohne Drucksteigerung	1,91 PS
Kraftbedarf für 1000 m^3 Reingas u. 100 mm W.-S. Drucksteigerung	0,81 PS

8 Monate im Betrieb.) Der Staubgehalt des Rohgases betrug 4,16 g/m^3 bezogen auf 0^0 C und 760 mm Q.-S., und der des Reingases 0,00043 g/m^3 bei 0^0 C und 760 mm Q.-S. Das Gas kam vor der Anlage mit einem Druck von 58 mm W.-S., vor dem Nutzgasventilator mit einem Druck von — 125 mm W.-S. an und verließ letzteren mit einem Druck von + 195 mm W.-S. Der Ventilator lieferte also eine gesamte Drucksteigerung von 320 mm W.-S.; wovon 183 mm für die Überwindung der Strömungswiderstände in der Reinigungsanlage aufgebraucht

---

[1] Stahleisen 1914, S. 228.

Zahlentafel 34. Versuchsergebnisse der Trockengasreinigungsanlage lingen an
Die angegebenen Werte der Temperaturen, Drücke, Reinheitsgrade usw. sind dem Vierofenbetrieb

Leistung der Anlage		Temperatur des			Druck-erzeugung der Förder-venti-latoren	Druck des	
i. Monat des Jahres 1924		Rohgases		Reingases		Rohgases	Reingases
		an der Gicht	vor der Anlage	hinter der Anlage		vor der Anlage	hinter der Anlage
	m³	°C	°C	°C	mm W.-S.	mm W.-S.	mm W.-S.
Januar Februar März April	100000000 95000000 117000000 109000000	120 (100-200)	100 (60-160)	60 (40-70)	250—300	+ 20 (0÷+100)	+ 100 (+20÷+170)

wurden, so daß eine nutzbare Drucksteigerung von 137 mm W.-S. übrigblieb.

Beim Eintritt in den Vorwärmer hatte das Rohgas 68 °C und enthielt in der Reingasleitung bei 62 °C und 748 mm Q.-S. im Kubikmeter 129 g Wasser. Der Taupunkt des Gases lag demnach bei etwa 54 °C, und das den Ventilator mit 69 °C verlassende Reingas war somit noch um 15 °C überhitzt.

Der Kraftbedarf des Nutzgasventilators, der auch das Rückblasegas zu liefern hat, belief sich auf 60,2 PS, der Gesamtkraftverbrauch der Anlage betrug 66,8 PS. Der Wirkungsgrad des Ventilators wurde zu 65% gemessen, woraus sich der Kraftbedarf der nutzbaren Druckerhöhung um 137 mm W.-S. zu $\dfrac{28\,600 \cdot 137}{75 \cdot 60 \cdot 60 \cdot 0,65} = 22,4$ PS ergibt. (Die stündlich gereinigte Gasmenge betrug 28 600 m³.)

Der Reinigungsvorgang allein, wenn also keine nutzbare Drucksteigerung erzeugt werden soll, gebrauchte demnach insgesamt 66,8—22,4 = 44,4 PS.

Um 1000 m³ gereinigtes Gichtgas bezogen auf 0 °C und 760 mm Q.-S. zu erhalten, waren also $\dfrac{44,4 \cdot 1000}{23\,300} = 1,91$ PS aufzuwenden.

Für je 1000 m³ gereinigtes Nutzgas, nach Abzug des Abreinigungsgases und 100 mm W.-S. Drucksteigerung erhöht sich der Kraftbedarf um je 0,81 PS.

Die Messungen mit verschiedenen Belastungsgraden ergaben, daß die durch das Filter gehende Gasmenge annähernd in geradem Verhältnis zu dem Druckunterschied vor und hinter dem Filter steht, während der Kraftbedarf mit dem Quadrat dieses Druckunterschiedes wächst. Die Zahlentafel 34 zeigt neueste Angaben der Röchlingschen Eisen- und Stahlwerke in Völklingen a. d. Saar, die aber nicht als Abnahmeversuche ausgeführt wurden, sondern nur auf Wunsch des Verfassers[1].

---

[1] Siehe auch Rev. Mét. 1629, S. 8/26.

ohne Nachkühler der Röchlingschen Eisen- und Stahlwerke in Völk-
der Saar.

Mittelwerte aus den Versuchen, die Klammerwerte normale Schwankungen, die
entsprechen.

Kraftverbrauch der Anlage		Staubgehalt des		Wasser-verbrauch des Vorkühlers	Wassergehalt des		Härte des Einspritz-wassers
i. Monat des Jahres 1924		Rohgases an der Gicht	Reingases hinter der Anlage		Rohgases	Reingases hinter der Anlage	
	kWSt.	g/m³	g/m³	l/m³	g/m³	g/m³	Deutsche Härtegrade
Januar Februar März April	368000 373000 434000 424000	5	0,01	Keine Angaben vorhanden	100	90	18÷20

V. Vergleich der einzelnen Systeme.

1. Die Wirtschaftlichkeit der wichtigsten heute noch bestehenden Gasreinigungssysteme.

In Deutschland haben bei der Naßreinigung nur die Bauarten von
Zschocke, Kaiserslautern; Theisen, München und Schwarz-Bayer,
Dortmund, Eingang gefunden. Die anderen Systeme der Naßreinigung
spielen nur eine sehr untergeordnete Rolle.

Die Verhältnisse während des Krieges waren für die Gasreinigung
eine Belastungsprobe von sehr großer Bedeutung. Die Erz- und Koks-
verhältnisse waren infolge der Abschnürung Deutschlands vom Weltmarkte ganz andere. Es konnten keine ausländischen Erze mehr beschafft werden, und die Wahl der Erze konnte nicht mehr nach dem
Gesichtspunkte des günstigsten Ofenganges getroffen werden, sondern
die Öfen, die bisher in der Hauptsache Auslanderze verarbeiteten,
mußten nun dasjenige Erz nehmen, was gerade zu beschaffen war.

Auch die Güte des Koks litt sehr unter der Verwendung von weniger
geschulten Arbeitskräften und dem angestrengten Betrieb auf den
Zechen. Dieser Koks war nicht mehr so hart und hatte einen geringeren
Kohlenstoffgehalt.

Beide Erscheinungen hatten eine Erhöhung des Staubgehaltes im
Gichtgas zur Folge, und es wurden somit auch die Gasreinigungsapparate
höher beansprucht. Der bisherige Reinheitsgrad wurde bei der Naßreinigung bei manchen Anlagen nicht mehr ganz erreicht, der Wasser-
und damit auch der Kraftverbrauch mußte stellenweise gesteigert
werden, aber zu größeren Betriebsstörungen kam es sehr selten.

Die Apparate mußten teils mehr, teils weniger häufig außer Betrieb
gesetzt werden, um sie von Staub- und Krustenansätzen zu reinigen;
aber diese Nachteile waren nicht von ausschlaggebender Bedeutung
für den Betrieb, obwohl sie unangenehm und kostspielig waren.

Der vermehrte Staubgehalt des Rohgases wurde allerdings dadurch wieder etwas herabgesetzt, daß die Reiniger nicht die ganze Zunahme von Staub aufzunehmen hatten, da sich viel Staub, infolge seiner gröberen Form, schon in den Staubsäcken und Rohrleitungen absetzte.

Da die Belastung der Apparate im Frieden oft nicht so hoch war, wie die garantierte, so konnten diese Reiniger auch mehr Gas und gröberen Staub ertragen, ohne daß gleich Betriebsstörungen eintraten.

Beim Betrieb der Trockengasreinigung machte die Beschaffung der Filterschläuche anfangs viel Mühe, und manche Anlagen gerieten in Unannehmlichkeiten, aber es konnte doch fast überall genügendes und brauchbares Schlauchmaterial aus Baumwolle bzw. Ersatzstoffen beschafft werden, so daß der Reinheitsgrad des Gases nur wenig sank, und die Friedenswerte bei den meisten Werken behauptet werden konnten.

Es kann also über die vorstehend besprochenen Systeme gesagt werden, daß sie bei den an sie gestellten großen Anforderungen während des Krieges nicht versagt haben und bei teilweise nicht sehr erheblichen Zugeständnissen an die Betriebsführung das ihrer Reinigungsstufe entsprechende Gas geliefert haben.

In den Zahlentafeln 35/38 (Zahlentafel 35 und 36 befinden sich am Schluß des Buches) sind Versuchswerte, Selbstkosten und Platzbedarf von verschiedenen Gasreinigungsanlagen von Werken aus dem Minette- und Ruhrbezirk wiedergegeben. Die Werte sind einer Abhandlung von Dr.-Ing. Max Schlipköter[1] entnommen; sie wurden 1914 zusammengestellt. Die Verhältnisse auf dem Gebiet der Gasreinigung haben sich inzwischen zum Teil sehr verändert und viele Systeme, die vor dem Kriege noch verwendet wurden, kommen heute für eine Gasreinigungsanlage nicht mehr in Frage, während andere wesentlich verbessert wurden und heute viel wirtschaftlicher sind als damals[2].

Die Zschocke-Vor- und Nachreinigung, auch mit Ventilatoren anderer Firmen, hat sich gut bewährt, obwohl sie heute nicht mehr so verbreitet ist, als etwa im Jahre 1910, und von den Theisen-Apparaten sehr verdrängt wurde. Die Reinheit des Gases ist bei Werk 3 (Zahlentafel 35) etwa 0,03 g/m^3. Diese Zahl ist aber kein Durchschnittswert, sondern stammt von einem Einzelversuch. Meistens ist der Reinheitsgrad schlechter infolge zu warmen Einspritzwassers (25—30 $^\circ$ C) und auch bei größerem Wasserverbrauch wird obiger Reinheitsgrad nicht erreicht. Die Betriebsverhältnisse auf diesem Werke bringen es mit sich, daß die Nachreinigung durchschnittlich nur mit 60 % belastet ist bei normalem Wasserverbrauch. Trotzdem müssen die Gasmaschinen spätestens alle 5 Wochen geputzt werden, was auf ein zuwenig gereinigtes Gas schließen läßt. Wie groß der Einfluß von kaltem Einspritzwasser bei der Gasreinigung ist, zeigt Werk 8. Dort hatte das Einspritzwasser nur eine Temperatur von 17,5 $^\circ$ C, und um das Gas von 0,2 g/m^3 auf 0,025 g/m^3 zu reinigen wird nur 0,8 l Wasser pro Kubikmeter Gas verbraucht. Das ist also wieder ein Beweis, daß die Reinigung des Gases und dessen Kühlung voneinander abhängig sind.

---

[1] Stahl und Eisen 1922, S. 408 ff.   [2] Iron Trade Review 1924, S. 1630/31.

Mit dem Wasserverbrauch steigen und fallen aber die Selbstkosten der Gasreinigung und der Platzbedarf am meisten, da sowohl Kraftverbrauch als auch Klärung unmittelbar davon abhängig sind.

Auch der Theisen-Zentrifugalwascher hat sich sehr gut bewährt. Über ihn gilt in gleicher Weise das oben angeführte bezüglich der Temperatur des Einspritzwassers, was besonders aus den Zahlen der Werke 2, 6, 7 und 9 (Zahlentafel 35) hervorgeht. Recht charakteristisch ist Werk 7, wo Spritzwasser mit 176 g Sinkstoffen zur Reinigung verwendet und trotzdem der Reinheitsgrad von 0,02 g/m³ erreicht wird; die Temperatur des Wassers ist eben nur 15° C im Durchschnitt.

Über die Trockenreinigung, System Halbergerhütte-Beth, wurde im vorhergehenden Abschnitt näher eingegangen, so daß an dieser Stelle sich eine weitere Besprechung erübrigt. Werk 11 zeigt Ergebnisse einer Trockengasreinigungsanlage im Ruhrbezirk. Hier machen sich die hohen Gichtgastemperaturen sehr unangenehm bemerkbar, und es ist notwendig, das Gas vor Eintritt in die Filteranlage in einem Vorkühler stark zu kühlen. Das Wasser wird nur unvollkommen vom Gas absorbiert, der Rest fließt unten ab und muß geklärt werden.

Diese Arbeit von Dr. Schlipköter behandelt aber unter den verschiedenen Naßreinigungen nur die älteren Theisen-Wascher, die gegenüber der Trockenreinigung schlecht abschneiden. Die in jeder Hinsicht wesentlich verbesserten Theisen-Desintegratoren, die dort nur ganz kurz gestreift werden (Werk 5), da damals noch fast keine Versuchsunterlagen dieser Apparate vorhanden waren, arbeiten jedoch bedeutend wirtschaftlicher als jene, und die dort angeführten Zahlen der Theisen-Wascher werden durch die heutigen Desintegratoren etwa um 50% unterschritten.

Die auf Werk 5 erreichten Ergebnisse stammen aus dem Minettebezirk. Die dort angegebenen Zahlen lassen ohne weiteres die Überlegenheit des Theisen-Desintegrators gegenüber den Theisen-Waschern erkennen. Allerdings mußten die Punkte 12, 13a—c und 14a geschätzt werden, da hierüber von dem betreffenden Werk keine Zahlen vorlagen. Diese Zahlen würden noch günstiger, wenn statt dieser Anordnung der Gegenstromwascher ohne Vorkühler arbeiten würde, was ohne weiteres möglich wäre, da die Rohgastemperatur sehr nieder ist. Dadurch würden die Punkte Verzinsung, Amortisation und Wasserverbrauch und damit zusammenhängend der Platzbedarf vermindert werden, während der Kraftbedarf etwa steigen würde.

Werk 6a zeigt bei einem Desintegrator — System Schwarz-Bayer —, daß für die Reinigung ohne Vorkühler tatsächlich die geringe Wassermenge ausreicht, um das Rohgas ausreichend zu kühlen. Auf Zahlentafel 36 sind die Ermittlungen an den einzelnen Gasreinigungen bildlich dargestellt, getrennt nach Vor-, Nach- und Trockenreinigung, und nach den beiden Bezirken. Die erste Querspalte a enthält die absoluten Betriebskosten, unterteilt in die Kosten für Amortisation und Verzinsung; Löhne, Materialien und Reparaturen; Einspritzwasser; Klärung; Kraft. In der Spalte b sind diese Werte als prozentuale Anteile der Gesamtkosten dargestellt, während in der Reihe c der Platzbedarf für Rei-

nigungsanlage, Pumpstationen und Kühlung sowie Klärung in Quadrat-
metern aufgetragen ist. Alle Werte beziehen sich auf 1000 m³ Gas.

Die Anlage der Trockengasreinigung in Spalte 22 und 23 ist nur halb
belastet. Um ein richtiges Bild zu gewinnen sind in Spalte 24 und 25 die
Kosten dieser Reinigung bei Vollbelastung zusammengestellt, unter der
Annahme, daß mit 100000 M. mehr Anlagekosten eine ausreichende Oberflächenkühlung bewirkt werden kann. Es erhöhen sich dann die Kapitalkosten, während die Löhne für Reinigung und Wartung entsprechend
sinken; sie sind mit 1,5 Pf. für 1000 m³ Gas angenommen.

In folgendem sei an Hand von einigen Betriebs- und Wirtschafts-
zahlen der Versuch gemacht, die Trockenreinigung, System Halbergerhütte und die Naßreinigung, System Theisen-Desintegrator, also die
beiden Gasreinigungssysteme mit dem anerkannt besten Reinigungs-

Zahlentafel 37. Versuchsergebnisse einer Trockenreinigungsanlage.
Trockenreinigung im Ruhrgebiet, Werk 11. Druck und Temperaturgefälle.

| h_s = statischer Druck in mm W.-S. | C | | D | | E | |
t = Temperatur in ⁰ C	h_s	t	h_s	t	h_s	t
Rohgas:						
1. auf der Gicht	80	68	190	148	340	171
2. vor dem Vorkühler	65	54	90	77	170	124
3. vor dem Vorwärmer	65	53	84	52	153	67
4. vor d. Filter (nach d. Vorwärm.)	65	58	74	69	134	73
Feingas:						
5. vor d. Ventilator (nach d. Filter)	12	57	6	64	6	70
6. nach dem Ventilator	320	58	192	62	240	69
7. vor dem Nachkühler	300	42	175	51	227	58
8. nach dem Nachkühler	110	28	130	30	187	36
9. vor dem Winderhitzer	60	39,5	37,5	41	40	45
10. Abreinigungsgas v. Filtereintritt	270	56	162	61	210	58
Abhitze:						
vor dem Vorwärmer	— 75	206	— 70	230	— 36	220
nach dem Vorwärmer	—	81	—	112	—	103
Belastung der Motoren in Amp.:						
Maschinengas	125,0		172,5		245,0	
Cowpergas	70,0		69,0		69,3	
Abhitze	82,5		77,5		87,9	
Mechanismus	14,0		14,0		14,0	
Staubtransport	4,0		4,0		4,6	
Summe	295,5		336,0		420,8	
Volt	534		524		529,0	
Gasmenge in m³, bezogen auf 0⁰ C u. 760 mm Q.-S.						
Maschinengas	44500		66350		74400	
Cowpergas	41100		17550		31000	
Summe	85600		83900		105400	
Gesamtkraftverbrauch für 1000 m³ Nutzgas in kW	1,97		2,10		2,11	
Staubgehalt des Gases in g/m³ . . .						
vor dem Filter	—		2,8		—	
nach dem Filter	—		0,006		—	

effekt und der höchsten Wirtschaftlichkeit einander gegenüberzustellen und dabei festzustellen, welches das bessere und wirtschaftlichere Verfahren ist, eine Frage, die schon wiederholt in „Stahl und Eisen" angeregt wurde.

Zahlentafel 38. Selbstkosten und Platzbedarf für 1000 m³ Gas einer Trockenreinigungsanlage.

Trockenreinigung im Ruhrbezirk, Werk 11. Selbstkostenaufstellung der Trockenreinigung bei voller Belastung unter anderen Voraussetzungen als bei Zahlentafel 35, Spalte A und B.

Annahme	Die Vorkühlung des Rohgases wird mit erhöhter Oberflächenkühlung einwandfrei erreicht bei Aufwand von 100000 M. mehr Anlagekosten				Die Anlagekosten für ungekühltes Gas betrag. 6000 M. für 1000 m³ gereinigtes Gas			
Bezeichnung	F		G		H		J	
	ungekühlt. Gas		gekühltes Gas		ungekühlt. Gas		gekühltes Gas	
	Pf.	%	Pf.	%	Pf.	%	Pf.	%
Selbstkosten:								
a) 10 % Verzinsung + 5% Amortisation bei 8500 vollbelast.Betriebsstdn.	6,86	55	8,33	57,2	10,59	65,4	12,06	66,0
b) Löhne, Materialien . .	1,50	12	1,50	10,3	1,50	9,2	1,50	8,2
c) Reparat., Reinigung. .	1,50	12	1,50	10,3	1,50	9,2	1,50	8,2
d) Einspritzwasser. . . .	0,09	0,7	0,702	4,8	0,09	0,6	0,702	3,8
e) Klärung								
f) Kraft	2,53	20,3	2,53	17,4	2,53	15,6	2,53	13,8
g) Summe	12,48	100,0	14,562	100,0	16,21	100,0	18,292	100,0
Platzbedarf in m²	8,057		11,195		8,057		11,195	

In Zahlentafel 39 sind die für eine Gasreinigung wichtigsten Daten der beiden Reinigungsverfahren wiedergegeben. Die Versuchszahlen der Theisen-Desintegratoren sind den Zahlentafeln 23 und 24 entnommen, und dieselben auf dieselbe Basis wie die der Trockengasreinigung gebracht, um einen direkten Vergleich ihrer Wirtschaftlichkeit anstellen zu können. Die Zahlentafeln 22, 25 und 27 sind zu einem Vergleich nicht brauchbar, da bei denselben die Drücke vor und hinter den Anlagen nicht angegeben sind und so mit der Basis von + 20 mm W.-S. vor und + 100 mm W.-S. hinter der Anlage nicht gerechnet werden kann; jedoch sind diese Versuche auch nicht schlechter, als die in Zahlentafel 23 und 24 angegebenen.

Die Versuche der Trockengasreinigung wurden auf Wunsch des Verfassers von den Röchlingschen Eisen- und Stahlwerken A.-G. in Völklingen a. d. Saar, die eine Trockengasreinigung von 150000 m³ Stundenleistung besitzen, angestellt und stellen Ergebnisse der letzten Zeit dar. Leider konnte Verfasser für die Drücke, den Reinheitsgrad des Gases

Zahlentafel 39. Vergleichsversuche von Theisen-Desintegratoren und einer Trockengasreinigungsanlage ohne Nachkühler.

Art des Reinigungsverfahrens	Rohgasmenge bezogen auf 0°C und 760 mm Q.-S.	Druck des		Druckerzeugung		Kraftbedarf		Staubgehalt des		Wasserverbr. d. Desintegrators		Temperatur des Gases	
		Rohgases vor der Reinigungsanlage	Reingases in der Maschinen-Gasleitung	des Desintegrators bzw. des Förderventilators	bezogen auf +20 mm W.-S. vor u. +100 mm W.-S. hinter der Anlage	bezogen auf +100 mm W.-S.-Druck in der Reingasleitung	pro 1000 m³ Gas bei 0°C u.760 mm Q.-S. u. bezog. auf +100 mm W.-S.in der Reingasleitg.	Gases vor der Reinigungsanlage	Reingases in der Maschinen-Gasleitung	gesamt	spezifisch	vor Eintritt in die Reinigungsanlage	hinter der Reinigungsanlage
	m³/Std.	mmW.-S.	mmW.-S.	mm W.-S.	mm W.-S.	PS_e	PS_e/1000 m³	g/m³	g/m³	l/Std.	l/m³ gas.	°C	°C
Theisen-Desintegrator-Naßreinigung	47400	—30	+265	295	345	227	4,79	3,48	0,025	37230	0,787	15	15
	51500	—40	+235	275	335	217	4,21	2,60	0,015	36430	0,707	14	16
	46200	+40	+325	285	265	253	5,48	3,221	0,015	39850	0,865	17,5	15
	48700	+15	+295	280	285	248	5,1	2,189	0,012	38110	0,782	14	13
	48000	+ 5	+290	285	300	246	5,12	1,838	0,013	37390	0,778	14	13
	54500	± 0	+275	275	295	229	4,2	3,183	0,016	34720	0,636	15	15
	48300	—30	+250	280	330	225	4,66	2,298	0,014	35410	0,734	10	11,5
	45300	—10	+295	305	335	335	7,4	1,41	0,008	72400	1,59	45	—
	38500	—25	+275	300	345	394	10,2	—	0,007	72200	1,87	45	22
	51300	—35	+248	283	338	414	8,1	1,18	0,0061	75300	1,47	43	22
	47200	—70	+232	302	392	315	6,7	1,17	0,017	60800	1,29	43	22
	45300	—78	+226	304	402	228	5,03	1,15	0,0176	45400	1,00	45	22
	52800	—25	+256	281	326	276	5,23	1,01	0,0215	44200	0,84	43,5	22
	46000	—51	+259	310	381	252	5,48	0,94	0,0168	43000	0,93	42,5	22
Trockengas-reinigung*)	134400	+20	+100		250—300	673	5,00	5	0,01			100	60
	136500					729	5,34						
	157200					793	5,04						
	151400					801	5,29						

*) Die bei der Trockengasreinigung angegebenen Drücke und Temperaturen sind Mittelwerte.

und die Gastemperaturen nur Mittelwerte bekommen, jedoch sind diese jedenfalls nicht ungünstig für die Trockengasreinigungsanlage ausgefallen (Zahlentafel 34).

Zahlentafel 40 zeigt die Mittelwerte aus den einzelnen Versuchsgruppen der Zahlentafel 39, und man kann hieraus ersehen, daß der Kraftbedarf, sowie der Reinheitsgrad beider Verfahren nur unwesentlich verschieden sind. Um Vergleichsziffern der beiden Verfahren von Anlagen gleicher Leistung und möglichst gleicher Vorbedingungen zu bekommen, hat sich Verfasser an die Trockengasreinigung G. m. b. H. in Zweibrücken und das Theisen-Ingenieur-Büro in München gewandt und um Angabe der Anschaffungskosten, des Platzbedarfs, Wasserverbrauchs, Reinheitsgrad des Gases usw. gebeten.

Zahlentafel 40. Mittelwerte aus Versuchen von Theisen-Desintegratoren und einer Trockengasreinigungsanlage ohne Nachkühler.

Art des Reinigungsverfahrens	Stündlich gereinigte Rohgasmenge (bez. a. 0° C u. 760 mm Q.-S.)	Druck des Rohgases vor Eintritt in die Reinigungsanlage	Druck des Reingases in der Maschinengasleitung	Gesamt-Kraftbedarf	Spezifischer Kraftbedarf	Staubgehalt des Reingases hinter der Reinigungsanlage
	m³/Std.	mm W.-S.	mm W.-S.	PS_e	PS_e/1000 cm³	g/m³
Theisen . .	49200	+ 20	+ 100	235	4,77	0,0157
Theisen . .	46600	+ 20	+ 100	316	6,78	0,0134
T.-G.-R. . .	144900	+ 20	+ 100	749	5,17	0,01

In Zahlentafel 41 sind diese Werte wiedergegeben und durch die Ergebnisse der Zahlentafel 40 ergänzt. Man sieht hieraus, daß bei gleicher Leistung und auch sonst gleichen Voraussetzungen die Theisen-Reinigung wesentlich besser abschneidet:

Die Anschaffungskosten sind wesentlich niederer; der Kraftbedarf der Theisen-Desintegratoren ist etwas höher im allgemeinen, ebenso der Wasserverbrauch, jedoch dürfte letzterer bei Versuchen im Ruhrgebiet wesentlich anders ausfallen, da die Trockengasreinigung dann auch bei den hohen Rohgastemperaturen eine intensive Vorkühlung durch Wassereinspritzung vornehmen müßte.

Der Platzbedarf der gesamten Theisen-Anlage ist bedeutend kleiner, trotz Miteinrechnung der Klär-, Pumpen- und Rückkühlanlagen, und der Staubgehalt des gereinigten und gekühlten Maschinengases ist ebenfalls ein sehr guter, der dem Reinheitsgrad der Trockengasreinigung wenig nachsteht, und für einen Dauerbetrieb der Gasmaschinen vollauf genügt. Aus Zahlentafel 41 ist also zu ersehen, daß die Theisen-Desintegratoranlagen wirtschaftlicher und vorteilhafter arbeiten als die der Trockengasreinigung.

Im Preis der Theisen-Anlage sind auch sämtliche Rohrleitungen, Ventile und Schieber, die sich zwischen den Gaskühlern und den Wasserabscheidern befinden, enthalten. Ebenso sind die drei Antriebsmotoren

Zahlentafel 41. Vergleichsziffern von Theisen-Desintegrator- und
Rohgas auf
A. Theisen-

Leistung der Anlage (bezogen auf 0^0 C und 760 mm Q.-S.)	Anschaffungskosten der Anlage, bestehend aus: 3 Kühlern mit je 60000 m³ stündl. Leistung 3 Desintegratoren mit je 60000 m³ stündl. Leistung 3 Wasserabscheidern, 3 Antriebsmotoren ohne Klär-, Rückkühl- u. Pumpenanlage (jedoch einschl. Rohrleitungen, Ventilen, Schieber usw.)	Kraftbedarf pro 1000 m³ Gas
m³/Std.	RM.	PS_e/1000 m³
180000	450000.—	~ 6

B. Trocken-

Leistung der Anlage (bezogen auf 0^0 C und 760 mm Q.-S.)	Anschaffungskosten der Anlage bestehend aus: 4 Filterkästen mit je 45000 m³ stündl. Leistung mit Vorkühler und Vorwärmer, 3 Nachkühlern mit je 60000 m³ stündl. Leistung ohne Klär-, Rückkühl- u. Pumpenanlage (jedoch einschl. Rohrleitungen, Ventilen, Schieber usw.)	Kraftbedarf pro 1000 m³ Gas
m³/Std.	RM.	PS_e/1000 m³
180000	845000.—	~ 5

für die Desintegratoren sowie deren Unterbringung in Häuschen aus
Wellblech und alle Fundamente der gesamten Anlage im Preise inbegriffen. Die Desintegratoren, Gaskühler und Wasserabscheider befinden sich, da sie unempfindlich gegen Witterungseinflüsse sind, im
Freien, und nur die Antriebsmotoren sind in geschlossenen Häuschen
untergebracht.

Im Preis der Trockengasreinigungsanlage sind auch die Kosten für
die Fundamente, die Motoren und deren Ausrüstung, sowie die unbedingt notwendigen Gebäude zur Unterbringung der Anlage inbegriffen.

2. Vorteile und Nachteile des Theisen-Desintegrators gegenüber den übrigen Naßreinigungsystemen.

Aus den Zahlentafeln 35 und 36 des vorhergehenden Kapitels ist
ohne weiteres schon die große Überlegenheit des Theisen-Desintegrators
über die anderen angeführten Naßreinigungssysteme zu ersehen[1].

Die Vorteile der Theisen-Apparate sind:

1. Die stündliche Leistung eines Apparates ist die größte von allen
Systemen.

2. Der Reinheitsgrad des gereinigten Gases ist weitaus der beste. Im
allgemeinen steht nach den hier angeführten Versuchen der Desintegrator von Schwarz-Bayer dem von Theisen nicht sehr nach, was die

---

[1] Stahleisen 1924, S. 92ff.

Trockengasreinigungsanlagen bei direkter Reinigung von Maschinengas.

Desintegratoranlage.

Wasserverbrauch für den		Platzbedarf der gesamten Anlage einschließlich Kühler, Klär-, Rückkühl- und Pumpenanlage	Staubgehalt des		Temperatur des gereinigten Gases	Druck des Reingases in der Maschinengasleitung
Kühler	Des-inte-grator		Rohgases vor der Anlage	Reingases in d. Maschinengasleitung		
l/m³	l/m³	m²/1000 m³ Gas	g/m³	g/m³	°C	mm W.-S.
~3	0,7÷1	3,5÷4,3	6÷8	0,01÷0,02	~30	+100

gasreinigungsanlage.

Wasserverbrauch für den		Platzbedarf der		Staubgehalt des		Temperatur des gereinigten Gases	Druck des Reingases in der Maschinengasleitung
Vor-kühler	Nach-kühler	Reinigungsanlage	Nach-kühler	Rohgases vor der Anlage	Reingases in d. Maschinengasleitung		
l/m³	l/m³	m²/1000m³	m²/1000m³	g/m³	g/m³	°C	mm W.-S.
nicht bekannt	2,5÷3	~4	~1,5	6÷8	0,005 bis 0,015	~30	+100

Kosten, Kraft- und Wasserbedarf usw. anbetrifft, jedoch ist der Reinheitsgrad des ersteren so schlecht, daß er nicht für einen betriebssicheren Gasbetrieb in Frage kommt; das Gas müßte erst nochmals gereinigt werden, und dann ist der Schwarz-Bayer-Desintegrator sehr unwirtschaftlich.

3. Die Kühlung des Gases im Apparat ist die größte.

4. Der spezifische Wasserverbrauch ist bedeutend geringer als bei den anderen Verfahren.

5. Die Druckerzeugung ist ebenso hoch und teils höher.

6. Der spezifische Kraftverbrauch ist bedeutend kleiner. Die Überlegenheit des Theisen-Desintegrators über den von Schwarz-Bayer zeigt sich hierbei wieder besonders, da dieser für Reinigung und Gasförderung zwei Apparate, und für den Antrieb drei Motoren, oder einen Motor mit Riemenübertragung benötigt, während jener Ventilator und Desintegrator in einem Apparat vereinigt und nur einen direkt gekuppelten Antriebsmotor braucht.

7. Der Platzbedarf der gesamten Anlage, bezogen auf 1000 m³ gereinigtes Gas, ist um weit mehr als die Hälfte kleiner; es ist also auch der Platz, den Gasreinigung, Klär- und Kühlanlage, sowie Pumpstation erfordern, bedeutend kleiner.

8. Die Anschaffungskosten der gesamten Anlage sind am kleinsten.

9. Die Selbstkosten der Anlage für 1000 m³ Gas sind weitaus die geringsten.

10. Handhabung und Wartung der Apparate sind bedeutend leichter und einfacher.

11. Bei den neueren Apparaten wird ein Reinheitsgrad von 0,02 g/m³ in einer Reinigungsstufe bei nur vorgekühltem Gas von 2—3 g/m³ Staub garantiert. Es fällt also die Vorreinigung, wie sie sonst bei allen Naßreinigungssystemen durch Ventilatoren, oder sonstige rotierende Wascher erfolgt, weg, wodurch die Theisen-Desintegratoren noch bedeutend günstiger und wirtschaftlicher sind als in den Zahlentafeln 35 und 36 gezeigt ist, da alle unter 1—9 angeführten Daten sich noch wesentlich verbessern.

3. Vor- und Nachteile des Theisen-Desintegrators und der Trockengasreinigung.

a) Gemeinsame Vorteile beider Verfahren.

Während man früher glaubte, daß die Feinreinigung des Gichtgases sich nicht lohne, so zeigt das Wärmediagramm in Abb. 52, wie falsch diese Auffassung war.

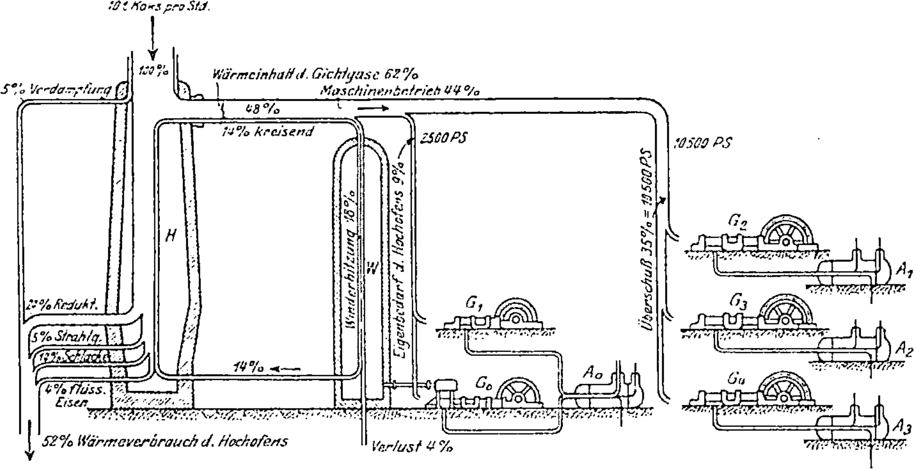

Abb. 52. Wärmediagramm eines Hochofenwerkes von 250 t Tagesleistung.

Im Gichtgas sind über 60% der in den Hochofen mit dem Brennstoff eingeführten Gesamtwärmemenge enthalten, und zwar in einer Form, die eine sehr große Ausnutzungsmöglichkeit besitzt. Gasmangel kann durch Erhöhung des Kokssatzes im Hochofen und durch Blasen mit kaltem Wind behoben werden.

Bei der Bedeutung, die das Gichtgas heute besitzt, ist es unbedingt notwendig, dasselbe möglichst gut auszunutzen, und hierzu ist die Feinreinigung eine unerläßliche Vorbedingung. Die großen Vorteile, die eine weitgehende Reinigung des Gases bieten, und die besonders für diese beiden Reinigungssysteme gelten, wurden bereits früher behandelt (vgl. I. Abschnitt, 9. Kapitel).

Da die Heizzüge der Winderhitzer nicht mehr verstopft werden, wird das Steinmaterial derselben viel besser ausgenutzt und die Kamintemperatur sinkt von 400° und mehr auf etwa 250° C am Ende der Heizperiode; der Nutzeffekt steigt damit von 50 %auf über 70%.

Durch das hochgradig gereinigte Gichtgas können die Heizgaskanäle bedeutend enger sein; die Oberfläche derselben kann auf das Doppelte erhöht werden. Winderhitzer nach der Strackschen Bauart zeigen Abhitzen von 50—90° C und einen Wirkungsgrad von 80%[1].

Durch die Beheizung von nur zwei Winderhitzern, die mit großen Gas- und Luftmengen in kurzer Zeit aufgeheizt werden, wird der Strahlungsverlust, und damit der Gasverbrauch, um 12—15% vermindert[2].

Auch im Dampfbetrieb hat man die Vorteile des hochgereinigten Gases schätzen gelernt. Bei dem früher allgemein benutzten halbgereinigten Gas verstaubten die Speisewasservorwärmer und Dampfüberhitzer in sehr kurzer Zeit, so daß dieselben oft gereinigt werden mußten, da der abgelagerte Staub so gut isolierte, daß der Dampf den Überhitzer mit der Eintrittstemperatur verließ, während er nach dem Putzen um 200° C überhitzt wurde.

Bei feingereinigtem Gas sind die Vorfeuerungen der Kessel mit ihrer großen Wärmeausstrahlung entbehrlich, wenn man geeignete Gasbrenner benutzt.

Die Vorteile des feinen Gases für den Gasmaschinenbetrieb sind so selbstverständlich, daß ein näheres Eingehen darauf sich erübrigt. Die Reinigung der Zylinder und Auswechselung der Zünder, die bei Verwendung von Gas mit 80—100 mg Staub pro Kubikmeter nach sehr kurzer Zeit erfolgen mußte, wurde erst nach Monaten nötig.

Um die in den Auspuffgasen der Gasmaschinen enthaltene Wärmemenge zu verwerten, benutzt man heute Abhitzkessel, die bei Vollbelastung der Maschinen etwa 1 kg/Std. Dampf je PS-Maschinenleistung liefern. Nach Abb. 52 liefern die Gasmaschinen G_2, G_3 und G_4 je 3500 PS, und die dazu gehörigen Abhitzekessel A_1, A_2 und A_3 je 3500 kg Dampf pro Stunde. Die Gebläsemaschine G_0 erhält ihren Dampf von dem Abhitzekessel A_0 der Gasmaschine G_1, der 2500 kg Dampf pro Stunde erzeugt.

Bei sinkender Belastung steigt bekanntlich der spezifische Gasverbrauch der Gasmaschinen, und die Abgase haben eine besonders hohe Temperatur. Da die Maschinen nicht immer voll belastet sein können, so entsteht hieraus ein großer Wärmeverlust, wenn keine Abhitzekessel verwendet werden. Mit Abhitzekesseln ist es nun möglich, den Gaswirkungsgrad des Aggregates, Maschine und Abhitzekessel bei allen Belastungen annähernd auf gleicher Höhe zu halten. Abb. 53, die das Ergebnis von Versuchen an einer 2300-PS-Gasmaschine darstellt, zeigt den Gasverbrauch der Gasmaschine und die Dampferzeugung des zugehörigen Abhitzekessels bei verschiedenen Belastungen.

---

[1] Vgl. Broschüre der Trockengasreinigung G. m. b. H. Zweibrücken, Ausgabe Sommer 1926.

[2] Stahleisen 1914, S. 305.

Für den Betrieb von Abhitzekesseln ist ein hoher Reinheitsgrad des Gases unbedingt erforderlich, da die Rauchrohre der Kessel bei mangelhafter Gasreinheit verstauben und dann die infolge des geringen Temperaturgefälles an sich schon geringe Wärmeübertragung ungenügend wird. Abhitzekessel an Gasmaschinen, die mit hochgereinigtem Gas arbeiten, sind seit Jahren ohne Stillstand im Betrieb.

Ein weiterer Vorteil des feingereinigten Gases ist der, daß die Absperrorgane nicht so leicht verschmutzen und undicht werden.

Durch die in vielen Fällen zweckmäßiger gebauten Reingasbrenner lassen sich auch bedeutende Gasersparnisse erzielen.

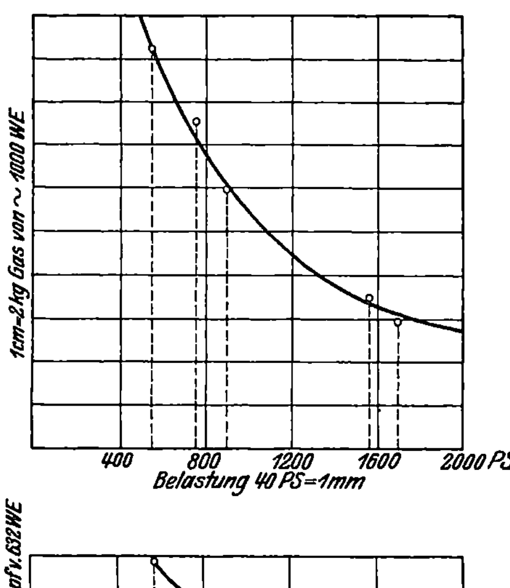

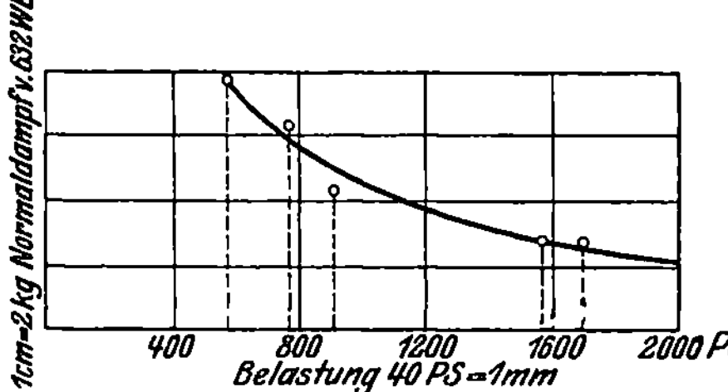

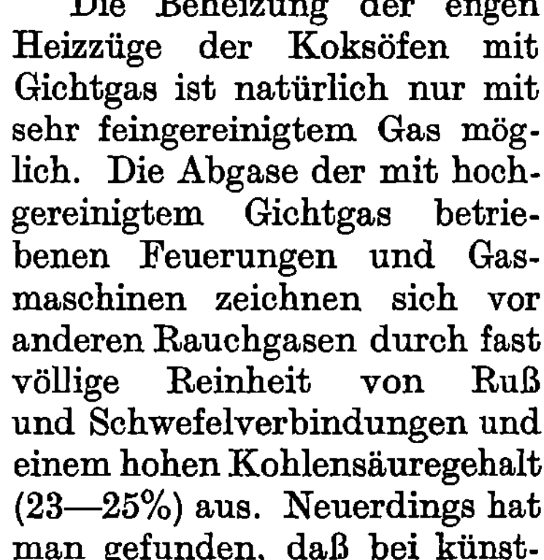

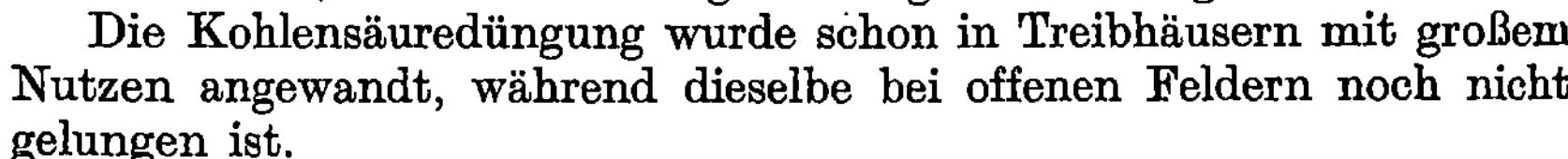
Abb. 53. Leistungsversuche an einer Gasmaschine mit Abhitzekanal.

Bei der Beheizung der Koksöfen mit Gichtgas werden die sonst notwendigen Koksofengase frei und können anderweitig verwendet werden, z. B. zur Leuchtgasversorgung oder zur Beheizung der Martinöfen, wodurch man ein Mittel zur Herstellung von Qualitätsstahl und -Flußeisen hat, das mit dem Elektroofen in erfolgreichen Wettbewerb treten kann.

Die Beheizung der engen Heizzüge der Koksöfen mit Gichtgas ist natürlich nur mit sehr feingereinigtem Gas möglich. Die Abgase der mit hochgereinigtem Gichtgas betriebenen Feuerungen und Gasmaschinen zeichnen sich vor anderen Rauchgasen durch fast völlige Reinheit von Ruß und Schwefelverbindungen und einem hohen Kohlensäuregehalt (23—25%) aus. Neuerdings hat man gefunden, daß bei künstlicher Anreicherung der Luft mit Kohlensäure bedeutend höhere Ernten erzielt werden können, da die Luft nicht genügend Kohlensäure besitzt. Diese Anregung hat dazu geführt, die Abgase der Hochofenwerke zur Kohlensäuredüngung zu verwenden, und es wurden auf dem Horster Hochofenwerk viele Versuche mit Abgasen von Gasmaschinen unternommen, die sehr befriedigende Ergebnisse zeitigten[1].

Die Kohlensäuredüngung wurde schon in Treibhäusern mit großem Nutzen angewandt, während dieselbe bei offenen Feldern noch nicht gelungen ist.

---

[1] Stahleisen 1919, S. 1497.

b) Vorteile der Trockenreinigung gegenüber dem Theisen-Desintegrator.

1. Der größte Vorzug der Trockenreinigung gegenüber dem Theisen-Desintegrator ist der höhere Reinheitsgrad des gereinigten Gases, wenn hinter die Trockenreinigungsanlage noch ein Nachkühler geschaltet wird, der das Gas neben der Kühlung noch außerordentlich gut reinigt (vgl. Zahlentafel 33), und in ihm einen Staubgehalt hinterläßt, wie ihn sonst keine andere Reinigungsart erreicht. Dieser Reinheitsgrad darf aber nicht zu weit getrieben werden, da er sonst die Wirtschaftlichkeit der Anlage beeinträchtigt, ohne wesentliche Vorteile zu bieten. Der Nachkühler erfordert aber wieder sehr viel Kühlwasser, und der Platzbedarf der ganzen Anlage wird wesentlich vergrößert. Da dieses Kühlwasser aber nur noch sehr geringe Mengen Gichtstaub aufnimmt, wird es nicht mehr geklärt; es ist nur noch zu kühlen, um dann gleich wieder verwendet werden zu können. Eine Vergrößerung der Kläranlage ist also nicht mehr notwendig.

2. Der Kraftbedarf der Trockenreinigung ist geringer, wenn auch nicht erheblich, da die Gasförderung und besonders die Druckerzeugung in der Reingasleitung, die der Theisen-Desintegrator im Reinigungsapparat selbst erzeugt, auch von dieser durch besondere Ventilatorenarbeit geleistet werden muß. Die für den Rüttelmechanismus und sonstigen mechanischen Antriebe aufzuwendende Motorarbeit ist verhältnismäßig sehr gering.

3. Der besondere Vorzug der Trockenreinigung wird allgemein in dem Wegfall des Wassers zum Reinigen erblickt. Das ist indes, wie bereits an anderer Stelle erwähnt, nur bedingt der Fall. Wie bei der Besprechung des Hahlberger Verfahrens erwähnt wurde, wird in den meisten Fällen eine mehr oder weniger große Vorkühlung des zu heißen Rohgases unbedingt notwendig, bevor es in die Filterkammern eintreten kann, ohne dort Schaden zu verursachen. Bei Rohgastemperaturen bis zu etwa 90 ° C wird das Gas durch Luft gekühlt, und von da an aufwärts erfolgt Wassereinspritzung.

Da aber das Rohgas bei beiden Reinigungssystemen etwa auf dieselbe Temperatur von etwa 60 ° C gekühlt werden soll, so könnte bei geringen Gastemperaturen die Vorkühlung für die Theisen-Apparate genau so erfolgen, wie bei der Trockenreinigung, und es wäre dann auch nur die Einspritzwassermenge für den Desintegrator notwendig, die aber sehr gering ist im Vergleich zu dem Wasserbedarf des Vorkühlers.

Bei höheren Gastemperaturen, wo Wassereinspritzung notwendig wird, ist selbstverständlich der Wasserverbrauch des Vorkühlers bei beiden Systemen genau derselbe, und auch die zur Reinigung des dabei anfallenden Schlammwassers nötige Kläranlage genau so groß und kostspielig. Der Wasserverbrauch der Vorkühlung ist für ein Temperaturgefälle des Gases von 70—100 ° C bei einer Temperaturerhöhung des Kühlwassers um 15—20 ° C durchschnittlich etwa 3 l/m³ Gas. Der Wasserverbrauch im Desintegrator selbst ist im Mittel etwa 0,7—1 l/m³ Gas, bei einer Eintrittstemperatur des Gases von etwa 50 ° C, also gering gegenüber dem zur Vorkühlung benötigten. Dazu kommt noch, daß der

Theisen-Desintegrator kein absolut reines Wasser verlangt, sondern mit bereits anderweitig verwendetem Wasser gespeist werden kann. Bei sehr hohen Rohgastemperaturen von 300° C und mehr, wie sie auf Hüttenwerken im Ruhrbezirk öfters vorkommen, ist der Wasserverbrauch für die Vorkühlung so groß, gegenüber demjenigen zur eigentlichen Reinigung im Desintegrator, daß letzterer fast vernachlässigt werden kann. Für diese hohen Gastemperaturen hat sich die Trockenreinigung nicht bewährt, da infolge sehr oft eintretender Temperaturschwankungen des Rohgases Betriebsstörungen unvermeidlich sind und die ganze Anlage bedeutend kostspieliger wird. Eine Theisen-Anlage eignet sich für diese Verhältnisse bedeutend besser, da bei etwa plötzlich eintretender Temperaturerhöhung der Reiniger ohne Störung weiterarbeitet und keinen Schaden erleidet; die Temperatur des Reingases ist eben höher als gewöhnlich, was aber keinen Anlaß zu Störungen bedeutet.

Bei ausnahmsweise tiefen Rohgastemperaturen (etwa 60° C und weniger) arbeitet der Theisen-Desintegrator ebenfalls günstiger als die Trockenreinigung, da diese das Rohgas durch Vorwärmer trocknen muß, um es reinigen zu können, während jener dieses Gas noch besser reinigt. Anders ist es natürlich bei solchen Hüttenwerken, die eine sehr günstige Rohgastemperatur haben und dabei großen Wassermangel. Hier ist die Trockenreinigung die günstigste, wenn kein Nachkühler notwendig ist, da sie dann kein Wasser benötigt und somit auch keine Kläranlage.

Diese, wie die überaus hohen Gastemperaturen, sind natürlich nicht die Regel. Ganz allgemein kann man behaupten, daß der Minderverbrauch an Wasser der Trockenreinigung gegenüber der Theisen-Reinigung nicht sehr bedeutend ist, und daß der Wasserverbrauch der Trockenreinigung, bei erforderlicher Nachkühlung, größer, oder mindestens gleich groß ist, als der einer Theisen-Anlage. Bei den Theisen-Anlagen wurde bis jetzt noch nicht das Rohgas durch Luftkühlung vorgekühlt, wie es bei der Trockenreinigung erfolgt; sie könnte aber bei jenen genau ebenso angewandt werden wie bei dieser.

4. Da der Wasserverbrauch bei der Trockenreinigung ohne Nachkühler bei normalen Verhältnissen nicht so groß ist, wie bei der Theisen-Reinigung, so sind auch die zur Reinigung des Schlammwassers notwendigen Kläranlagen nicht so umfangreich und kostspielig als bei diesen, was sicher ein Vorteil der Trockenreinigung ist, zumal die damit verbundenen Entschlammungsarbeiten ebenfalls geringer sind.

5. Der bei der Trockenreinigung sich abscheidende trockene Gasfilterstaub kann zu verschiedenen Zwecken gebraucht werden. Hierbei bietet aber das Lagern des trockenen Gasfilterstaubes große Unannehmlichkeiten, da der Staub schwer aus dem Wagen zu entladen ist, und später auf der Halde wegen seiner außerordentlichen Feinheit sehr leicht vom Wind verweht wird. Soweit dieser Staub also nicht sofort an Zementfabriken verkauft, oder sonst gleich verwendet werden kann, wird er mit Wasser angefeuchtet werden müssen, um ihn in festen Massen auf der Halde lagern zu können, und dann hat er vor dem Gichtschlamm der Naßreinigung auch keine Vorteile mehr voraus. Der aus den Klärteichen entfernte Gichtschlamm der Naßreinigung wird, nach-

dem er auf die Halde geschüttet wurde, auch wieder verwendet. Ist der Gichtschlamm noch ziemlich eisenhaltig, oder enthält er sonst irgendwelche wertvollen Bestandteile, so wird er getrocknet und wieder im Hochofen aufgegeben. Handelt es sich jedoch um einen Schlamm mit, wie es meistens der Fall ist, nur 10 oder 20% Eisengehalt, so wird dessen Verhüttung nur dadurch lohnend, daß er sich, infolge seiner chemischen Eigenschaften, als Bindemittel zum Ziegeln des trockenen und erzreichen Gichtstaubes der Staubsäcke eignet. Er wird dann in der Brikettierungsanlage zum Anfeuchten des trockenen Gichtstaubes zugesetzt. Manche Werke stellen auch aus dem Schlamm eine Isoliermasse her, die sich sehr gut bewähren soll.

c) Vorteile des Theisen-Desintegrators gegenüber der Trockenreinigung.

1. Bei der Beschaffung einer Gasreinigungsanlage ist zu beachten, daß das Risiko, das man mit dem Bau irgendeiner Anlage auf sich nimmt, mit dem prozentualen Anteil der Kapitalkosten an den Selbstkosten steigt und fällt. Je schneller eine technische Anlage abgeschrieben werden kann, desto elastischer kann sich das Werk neuen Erfindungen anpassen. Es ist sehr gut möglich, daß die höheren Selbstkosten des einen Betriebes mit geringem Kapitalaufwand als wirtschaftlicher bezeichnet werden müssen, als die kleineren Selbstkosten einer anderen Anlage, die ein hohes Kapital amortisieren und verzinsen muß. Allgemein ist in dieser Richtung natürlich kein Urteil möglich, und man wird sich in dieser Sache zu entscheiden haben in richtiger Abwägung von Risiko und Ersparnissen.

Die ganze Gasreinigungsanlage von Theisen, bestehend aus Vorkühler, Desintegrator, Wasserabscheider, Rückkühl- und Kläranlage und Pumpstation, ist nicht so kostspielig wie die Trockenreinigung mit Vorkühlern und Vorwärmern, Filterkammern und Schlauchmaterial, Rüttelmechanismus, Förderschnecken, Ventilatoren, Nachkühler, Kläranlage, verschiedenen Antriebsmotoren und den vielen unbedingt notwendigen Schalt- und Signalapparaten.

2. Die Montage der Theisen-Apparate ist einfacher, zeitsparender und billiger.

3. Die Material- und Reparaturkosten sind bei der verhältnismäßig kurzen Betriebsdauer der Filterschläuche sehr hoch, während sie bei den Theisen-Anlagen verhältnismäßig niedrig ausfallen.

4. Die Löhne für die umfangreiche Wartung und regelmäßigen Reinigungsarbeiten der Trockenreinigung sind höher, da mehr Personal zu sicherem Betrieb notwendig ist.

5. Die Anforderungen, die an das Bedienungspersonal der Trockenreinigung gestellt werden, sind groß, der Betrieb selbst ist ziemlich umständlich und erfordert ständige, sorgfältigste Überwachung, wenn nicht erhebliche Schäden für die ganze Anlage entstehen sollen.

Dagegen können bei den Theisen-Reinigern auch ungelernte Arbeitskräfte beschäftigt werden; es ist keine ständige Wartung notwendig, sondern es genügt eine zeitweise Kontrolle.

6. Der Platzbedarf einer Gasreinigung mit Theisen-Desintegratoren ist gering und kann durch Anordnung der Reiniger und Kühler direkt über der Kläranlage (siehe Abb. 19) zu einem Minimum reduziert werden, das von keiner Trockenreinigung erreicht wird.

Der Platzbedarf des Desintegrators ist ca. 0,25 m²/1000 m³ Gas und Stunde. Der Platzbedarf von Desintegrator, Motor und Abscheider ca. 0,45 m² pro 1000 m³ Gas und Stunde.

Der Platzbedarf der Kläranlage ist ca. 2,0 m²/1000 m³ Gas und Stunde. Der Platzbedarf der gesamten Gasreinigung System Theisen ist z. B. bei der Anlage Vajdahunyad, ungarisches Eisenwerksamt, ca. 3,2 m² pro 1000 m³ stündliche Gasmenge, einschließlich Vorkühler, Abscheider, Kläranlage usw.; bei der Anlage Teutschenthal, Deutsche Molybdänwerke, ca. 3,1 m²/1000 m³ Gas und Stunde, einschließlich Vorkühler und Kläranlage; und dieselbe Anlage einschließlich Rück- kühlanlage und Pumpstation 4,3 m². Bei einer weiteren ausgeführten Reinigungsanlage für Karbidofengas beträgt der Platzbedarf der An- lage einschließlich Klär- und Pumpenanlage nur 1,28 m²/1000 m³ Gas und Stunde.

Demgegenüber beträgt der Platzbedarf einer Trockengasreinigungs- anlage nach den Aufstellungen Dr. Schlipköters ca. 11,05—11,2 m² und der Trockengasreinigung Zweibrücken etwa 6 m²/1000 m³ stünd- liche Gasmenge. Auch aus dem Platzbedarf der Filterkammern für die verschiedenen Leistungen derselben (siehe Zahlentafel 30 und 31) ist zu erkennen, daß der Platzbedarf der gesamten Anlage höher ist als der einer oben angeführten Theisen-Anlage.

7. Obwohl der trocken gewonnene Gasfilterstaub der Trocken- reinigung manche Vorteile bietet, so bringt derselbe doch auch wieder viele Nachteile mit sich, die bei der Naßreinigung niemals auftreten können. Es sei hier besonders der Pyrophorität des trockenen Staubes gedacht, die sich bei der außerordentlichen Feinheit desselben und ganz besonders bei der Verhüttung zinkhaltiger Erze sehr unangenehm be- merkbar macht. Wenn nicht größte Vorsicht beobachtet wird, so kommt es sehr leicht vor, daß infolge der Pyrophorität ganze Filter- kammern ausbrennen.

8. Ein weiterer Nachteil der Trockenreinigung ist die Gefahr der Gasvergiftung des Bedienungspersonals beim Auswechseln der Filter- schläuche und Reinigen der Kammern. Obwohl in dieser Hinsicht bedeu- tende Verbesserungen vorgenommen wurden, durch Absaugen des Gases aus den zu reinigenden Kammern, so kommen Vergiftungen doch noch vor. Gasvergiftungen sind bei der Naßreinigung ausgeschlossen, da das Bedienungspersonal überhaupt nicht mit dem Gas in Berührung kommt.

9. Ein Vorteil der Theisen-Desintegratoren ist auch der, daß die- selben für die Reinigung der verschiedenen industriellen Gase ver- wendet werden können, besonders auch für Generatorgas, wohingegen die Trockenreinigung bei diesem, sowie allen teerhaltigen Gasen absolut unbrauchbar ist, da sich die Filterschläuche sofort verstopfen würden.

10. Wenn es sich um Gase handelt, die aus wirtschaftlichen Gründen nur wenig gereinigt werden müssen, oder nur geringen Staubgehalt

haben, so kann beim Theisen-Verfahren, durch Weglassen der feststehenden Stabzylinder, fast die Hälfte der Kraft erspart werden (vgl. Zahlentafel 27), während der Kraftbedarf der Trockenreinigung bei solchen Gasen nur wenig sinkt, wobei allerdings der Reinheitsgrad bedeutend größer ist, als bei den Theisen-Apparaten, was aber vollständig unnötig ist.

11. Bei der Trockengasreinigung muß mit Rücksicht auf die Haltbarkeit der Stoffilter das Gas eine solche Temperaturregelung erfahren, daß die fühlbare Wärme des Rohgases größtenteils vernichtet ist, der Wasserdampfgehalt aber noch unvermindert erhalten bleibt. Es ist daher das Gasfilterverfahren, obgleich es technisch wegen der Erzielbarkeit des höchsten Reinheitsgrades allen anderen Verfahren überlegen ist, thermisch ungünstig, da es Gas mit dem niedrigsten Heizwert je Kilogramm liefert[1].

4. Schlußfolgerungen.

Während die Arbeit Dr. Schlipköters bei Gegenüberstellung der Trockengasreinigung und des Theisen-Desintegrators, also der beiden allgemein anerkannt besten Gasreinigungsverfahren, noch kein absolutes Übergewicht der einen Anlage über die andere feststellt, ergibt die Betrachtung der oben angeführten Wirtschaftlichkeit und der Vor- und Nachteile beider Systeme, daß das Theisen-Verfahren dem der Trockenreinigung im allgemeinen vorzuziehen ist, es sei denn, daß die Rohgastemperatur ausnehmend günstig für die Trockenreinigung sei, und fast kein Wasser zur Reinigung zur Verfügung stehe, was aber meistens nicht der Fall ist, und daß die Hauptbedingung der Anlage ein möglichst hoher Reinheitsgrad des Gases sei.

Es sind bei den Theisen-Desintegratoren nicht nur die zahlenmäßigen Betriebsergebnisse und die Anschaffungs- und Unterhaltungskosten geringer, sondern die Handhabung der ganzen Anlage ist einfacher und betriebssicherer als die einer Trockenreinigung, und gerade die beiden letzteren Punkte sind meistens ausschlaggebend bei der Wahl des Reinigungssystems.

Die Überlegenheit des Theisen-Desintegratorverfahrens über die Trockenreinigung geht einwandfrei daraus hervor, daß die Theisen-Apparate trotz der kürzeren Zeit ihres Bestehens eine größere Verbreitung gefunden haben (Abb. 1, 2, 3, 4 und 5).

Ein weiterer Beweis hierfür ist, daß verschiedene große Hüttenwerke, wie Société Métallurgique de Senelle Maubeuge; Société Anonyme Cockerill, Seraing; Société Anonyme des Aciéries de Micheville; Société Anonyme d'Ougrée-Marihaye; Ougrée und andere mehr, welche erst Naßreinigungen anderer Systeme in Betrieb hatten, danach die Trockengasreinigung aufstellten, aber in den letzten Jahren, bei Vergrößerung ihrer Gasreinigungsanlagen und bei Neuanlagen, dieselben wieder mit Theisen-Desintegratoren ausgeführt haben, und die Trockenreinigung entweder abbrechen ließen, oder nur noch als Reserve beibehielten.

Der umgekehrte Fall, daß eine Trockengasreinigungsanlage an Stelle von Theisen-Desintegratoren getreten ist, ist bis jetzt noch nicht beobachtet worden.

---

[1] Vgl. Stahleisen 1926, S. 645/46.

Literatur.

1. Stahl und Eisen, Zeitschrift für das deutsche Eisenhüttenwesen, Düsseldorf.
2. Zeitschrift des Vereins deutscher Ingenieure, Berlin.
3. Guillemain, Dr. phil. C.: Theorie und Praxis der Staubverdichtung und der Reinigung und Entstaubung von Gasen.
4. Buck, Dr.-Ing. R.: Beiträge zur Ausnutzung der Hochofengase. Doktor-Dissertation, Technische Hochschule Breslau 1911.
5. Wiest, Dr.-Ing. K.: Beiträge zur Bekämpfung des Staubes industrieller Gase. Doktor-Dissertation, Technische Hochschule Stuttgart 1919.
6. Tonindustrie-Zeitung, Berlin.
7. Der praktische Maschinenkonstrukteur, Leipzig.
8. Kraft und Betrieb, Berlin.
9. Prometheus, Leipzig.
10. Metall und Erz, Halle a. S.
11. Zeitschrift für technische Physik, Leipzig.
12. Chemiker-Zeitung, Cöthen (Anh.).
13. The Engineer, London.
14. The Engineering and Mining Journal, New-York.
15. Chemical and Metallurgical Engineering, New-York.
16. Engineering, an illustrated weekly Journal, London.
17. Zeitschrift für Dampfkessel- und Maschinenbetrieb, Berlin.
18. Montanistische Rundschau, Berlin.
19. The Economist, London.
20. Gas- und Wasserfach, München.
21. The Iron Age, New-York.
22. Zentralblatt der Hütten- und Walzwerke, Berlin.
23. The Iron Trade Review, Cleveland (Ohio).
24. Revue Technique Luxembourgeoise, Luxemburg.
25. Braunkohle, Halle a. S.
26. Schweizerische Bauzeitung, Zürich.
27. Zeitschrift für angewandte Chemie, Leipzig.
28. Zentralblatt für Gewerbehygiene, Berlin.
29. Kolloidzeitschrift, Dresden-Blasewitz.
30. Siemenszeitschrift, Siemensstadt b. Berlin.
31. La Metallurgia Italiana, Mailand.
32. The Ironmonger, London.
33. The Iron and Coal Trades Review, London.
34. Mining and Scientific Press.
35. The Journal of the Iron and Steel Institute, London.
36. Revue de Métallurgie, Paris.
37. Blast Furnace and Steel Plant, Berlin.

Das technische Eisen. Konstitution und Eigenschaften. Von Dr.-Ing. **Paul Oberhoffer,** o. Professor der Eisenhüttenkunde, Vorsteher des Eisenhüttenmännischen Instituts an der Technischen Hochschule Aachen. Zweite, verbesserte und vermehrte Auflage. Mit 610 Abbildungen im Text und 20 Tabellen. X, 598 Seiten. 1925. Gebunden RM 31.50

Blöcke und Kokillen. Von **A. W.** und **H. Brearley.** Deutsche Bearbeitung von Dr.-Ing. **F. Rapatz.** Mit 64 Abbildungen. IV, 142 Seiten. 1926. Gebunden RM 13.50

Das Gußeisen. Seine Herstellung, Zusammensetzung, Eigenschaften und Verwendung. Von **Joh. Mehrtens.** Mit 15 Textfiguren. 66 Seiten. 1925. (Heft 19 der „Werkstattbücher".) RM 1.80

Vita-Massenez, Chemische Untersuchungsmethoden für Eisenhütten und Nebenbetriebe. Eine Sammlung praktisch erprobter Arbeitsverfahren. Zweite, neubearbeitete Auflage von Ing.-Chemiker **Albert Vita,** Chefchemiker der Oberschlesischen Eisenbedarfs-A.-G. Friedenshütte. Mit 34 Textabbildungen. X, 198 Seiten. 1922. Gebunden RM 6.40

Probenahme und Analyse von Eisen und Stahl. Hand- und Hilfsbuch für Eisenhütten-Laboratorien. Von Prof. Dipl.-Ing. **O. Bauer,** Abteilungs-Vorsteher der Abteilung für Metallographie am Staatlichen Materialprüfungsamt Berlin-Dahlem, und Prof. Dipl.-Ing. **E. Deiß,** ständiger Mitarbeiter in der Abteilung für allgemeine Chemie am Staatl. Materialprüfungsamt Berlin-Dahlem. Zweite, vermehrte und verbesserte Auflage. Mit 176 Abbildungen und 140 Tabellen im Text. VIII, 304 Seiten. 1922. Gebunden RM 12.—

Die Theorie der Eisen-Kohlenstoff-Legierungen. Studien über das Erstarrungs- und Umwandlungsschaubild nebst einem Anhang: Kaltrecken und Glühen nach dem Kaltrecken. Von E. Heyn †, weiland Direktor des Kaiser-Wilhelm-Instituts für Metallforschung. Herausgegeben von Prof. Dipl.-Ing. **E. Wetzel.** Mit 103 Textabbildungen und XVI Tafeln. VIII, 185 Seiten. 1924. Gebunden RM 12.—

Die Praxis des Eisenhüttenchemikers. Anleitung zur chemischen Untersuchung des Eisens und der Eisenerze. Von Dr. **Carl Krug,** a. o. Professor an der Technischen Hochschule zu Berlin. Zweite, vermehrte und verbesserte Auflage. Mit 29 Textabbildungen. VIII, 200 Seiten. 1923. RM 6.—; gebunden RM 7.—

Lötrohrprobierkunde. Anleitung zur qualitativen und quantitativen Untersuchung mit Hilfe des Lötrohres. Von Dr. **Carl Krug,** a. o. Professor an der Technischen Hochschule zu Berlin. Zweite, vermehrte und verbesserte Auflage. Mit 30 Textabbildungen. VII, 74 Seiten. 1925. RM 3.—

Berg- und Hüttenmännisches Jahrbuch der Montanistischen Hochschule in Leoben. Schriftleitung: Prof. Dr. **Hans Fleißner,** Prof. Dr. **Wilh. Petrascheck,** Oberbergrat Ing. **Ludwig Sterba.** Erscheint vierteljährlich. Bezugspreis: RM 21.60 jährlich. Preis des Einzelheftes RM 8.—

(Verlag von Julius Springer in Wien.)

Die natürliche und künstliche Alterung des gehärteten Stahles.
Physikalische und metallographische Untersuchungen von Dr.-Ing. **Andreas Weber,** Betriebsleiter der Firma Fr. Deckel in München. Mit 105 Abbildungen im Text und auf 12 Tafeln. IV, 78 Seiten. 1926.
RM 7.50; gebunden RM 9.—

Anleitung zur Bestimmung von Mineralien.
Von **N. M. Fedorowsky,** Prof. an der Bergakademie in Moskau. Übersetzung der letzten (zweiten) russischen Auflage. Mit 15 Textabbildungen. VIII, 136 Seiten. 1926.
RM 7.50

Metallurgische Berechnungen.
Praktische Anwendung thermochemischer Rechenweise für Zwecke der Feuerungskunde, der Metallurgie des Eisens und anderer Metalle. Von **Josef W. Richards,** A. C. Ph. D., Professor der Metallurgie an der Lehigh-Universität. Autorisierte Übersetzung nach der zweiten Auflage von Prof. Dr. **Bernhard Neumann,** Darmstadt und Dr.-Ing. **Peter Brodal,** Christiania. XV, 599 Seiten. 1913. Unveränderter Neudruck. 1925.
Gebunden RM 24.—

Lehrbuch der Bergbaukunde
mit besonderer Berücksichtigung des Steinkohlenbergbaues. Von Professor Dr.-Ing. e. h. **F. Heise,** Direktor der Bergschule zu Bochum, und Professor Dr.-Ing. e. h. **F. Herbst,** Direktor der Bergschule zu Essen. In 2 Bänden.

Erster Band: Gebirgs- und Lagerstättenlehre. Das Aufsuchen der Lagerstätten (Schürf- und Bohrarbeiten). Gewinnungsarbeiten. Die Grubenbaue. Grubenbewetterung. Fünfte, verbesserte Auflage. Mit 580 Abbildungen und einer farbigen Tafel. XIX, 626 Seiten. 1923. Gebunden RM 11.—

Zweiter Band: Grubenausbau. Schachtabteufen. Förderung. Wasserhaltung. Grubenbrände. Atmungs- und Rettungsgeräte. Dritte und vierte, verbesserte und vermehrte Auflage. Mit 695 Abbildungen. XVI, 662 Seiten. 1923. Gebunden RM 11.—

Grundzüge der Bergbaukunde
einschließlich Aufbereitung und Brikettieren. Von Dr. Ing. e. h. **Emil Treptow,** Geheimer Bergrat, Professor i. R. der Bergbaukunde an der Bergakademie Freiberg, Sachsen. Sechste, vermehrte und vollständig umgearbeitete Auflage.

Erster Band: Bergbaukunde. Mit 871 in den Text gedruckten Abbildungen. 636 Seiten. 1925. In Ganzleinen gebunden RM 18.—

Zweiter Band: Aufbereitung und Brikettieren. Mit 324 in den Text gedruckten Abbildungen und 11 Tafeln. 338 Seiten. 1925.
In Ganzleinen gebunden RM 21.—

(Verlag von Julius Springer in Wien.)

Die wissenschaftlichen Grundlagen der nassen Erzaufbereitung.
Von Dipl.-Bergingenieur **Josef Finkey,** a. o. Professor der Aufbereitungskunde an der Montan. Hochschule in Sopron. Aus dem ungarischen Manuskript übersetzt von Dipl.-Bergingenieur **Johann Pocsubay,** Assistent an der Montan. Hochschule in Sopron. Mit 44 Textabbildungen und 31 Tabellen. VI, 288 Seiten. 1924. RM 10.—; gebunden RM 11.—

Das Sprengluftverfahren.
Von Bergassesor **Leopold Lisse.** Mit 108 Textabbildungen. VII, 109 Seiten. 1924. RM 5.—

Der Flotations-Prozeß.
Von **C. Bruchhold,** gepr. Bergingenieur. Mit 96 Textabbildungen. VIII, 288 Seiten. 1927. Gebunden RM 27.—

Kran- und Transportanlagen für Hütten-, Hafen-, Werft- und Werkstattbetriebe. Von Dipl.-Ing. C. Michenfelder Direktor

der Ingenieur-Akademie Wismar. Zweite, umgearbeitete und vermehrte Auflage. Mit 1097 Textabbildungen. VIII, 684 Seiten. 1926.

Gebunden RM 67.50

Die Drahtseilbahnen (Schwebebahnen) einschließlich der Kabel-

krane und Elektrohängebahnen. Von Prof. Dipl.-Ing. F. Stephan. Vierte, verbesserte Auflage. Mit 664 Textabbildungen und 3 Tafeln. XII, 572 Seiten. 1926. Gebunden RM 33.—

Die Drahtseile als Schachtförderseile. Von Dr.-Ing. Alfred

Wyszomirski. Mit 30 Textabbildungen. IV, 94 Seiten. 1920. RM 3.—

Hebe- und Förderanlagen. Ein Lehrbuch für Studierende und In-

genieure von Dr.-Ing. e. h. H. Aumund, ordentl. Professor an der Technischen Hochschule Berlin. Zweite, vermehrte Auflage.

Erster Band: Allgemeine Anordnung und Verwendung. Mit 414 Abbildungen im Text. XX, 444 Seiten. 1926. Gebunden RM 33.—

Zweiter Band: Anordnung und Verwendung für Sonderzwecke. Mit 306 Abbildungen im Text. XVIII, 480 Seiten. 1926. Gebunden RM 42.—

Die Förderung von Massengütern. Von Dipl.-Ing. Georg von

Hanffstengel, a. o. Professor an der Technischen Hochschule zu Berlin.

Erster Band: Bau und Berechnung der stetig arbeitenden Förderer. Dritte, umgearbeitete und vermehrte Auflage. Mit 531 Textfiguren. VIII, 306 Seiten. 1921. Manuldruck 1922. Gebunden RM 11.—

Zweiter Band, 1. Teil: Bahnen (Wagen für Massengüter, Wagenkipper, Zweischienige Bahnen. Hängebahnen). Dritte, vollständig umgearbeitete Auflage. Mit 555 Textabbildungen. VIII, 348 Seiten. 1926.

Gebunden RM 24.—

Der zweite Band, 2. Teil, wird sich mit Kranen (einschließlich Kabelkranen) und solchen Anlagen befassen, die aus Kranen und anderen Fördermitteln zusammengesetzt sind.

Billig Verladen und Fördern. Die maßgebenden Gesichtspunkte

für die Schaffung von Neuanlagen nebst Beschreibung und Beurteilung der bestehenden Verlade und Fördermittel unter besonderer Berücksichtigung ihrer Wirtschaftlichkeit. Von Dipl.-Ing. Georg v. Hanffstengel, a. o. Professor an der Technischen Hochschule zu Berlin. Dritte, neubearbeitete Auflage. Mit 190 Textabbildungen. VIII, 178 Seiten. 1926. RM 6.—

Der neuzeitliche Aufzug mit Treibscheibenantrieb.

Charakterisierung, Theorie, Normung. Von Dipl.-Ing. F. Hymans, Research Engineer, New York und Dipl.-Ing. A. V. Hellborn, Stockholm. Mit 107 Abbildungen im Text. VI, 156 Seiten. 1927. Gebunden RM 15.90